国家自然科学基金面上项目(51974118)资助
湖南省教育厅优秀青年项目(18B226)资助

破碎岩体大断面巷道支护技术研究

彭文庆　王卫军　余伟健　韦晓吉　著

U0337885

中国矿业大学出版社
· 徐州 ·

内 容 提 要

本书系统地对破碎岩体大断面巷道支护技术及理论进行了归纳总结,探讨了破碎岩体大断面巷道应力分布规律,重点研究了 U 型钢支架力学特性及联合支护下的巷道围岩变形规律。

本书可作为从事破碎围岩大断面巷道掘进及支护技术的研究人员、工程管理人员以及研究生的参考用书。

图书在版编目(CIP)数据

破碎岩体大断面巷道支护技术研究 / 彭文庆等著
. —徐州:中国矿业大学出版社,2020.8
ISBN 978 - 7 - 5646 - 4803 - 9

Ⅰ. ①破… Ⅱ. ①彭… Ⅲ. ①破碎岩体—大断面巷道
—巷道围岩—巷道支护—研究 Ⅳ. ①TD231.1②TD353

中国版本图书馆 CIP 数据核字(2020)第 154897 号

书　　名	破碎岩体大断面巷道支护技术研究
著　　者	彭文庆　王卫军　余伟健　韦晓吉
责任编辑	陈红梅
出版发行	中国矿业大学出版社有限责任公司
	(江苏省徐州市解放南路　邮编 221008)
营销热线	(0516)83884103　83885105
出版服务	(0516)83995789　83884920
网　　址	http://www.cumtp.com　E-mail:cumtpvip@cumtp.com
印　　刷	江苏凤凰数码印务有限公司
开　　本	787 mm×960 mm　1/16　印张 9.5　字数 176 千字
版次印次	2020 年 8 月第 1 版　2020 年 8 月第 1 次印刷
定　　价	40.00 元

(图书出现印装质量问题,本社负责调换)

前　言

　　破碎围岩大断面巷道支护技术是巷道与隧道掘进及支护工程应用的一个重要研究方向。近年来,随着支护技术的革新及煤矿机械化程度的提高,煤矿大断面巷道硐室的施工技术越来越成熟,故井下的巷道断面面积随着煤炭产量的提升变得越来越大。我国许多矿井由于生产的需要,布置了大量的大断面巷道硐室,并且大断面巷道有利于井下生产、运输和通风,但大断面巷道的支护问题一直是采矿界致力攻克的技术难题之一。

　　本书创新性地运用统一强度理论和阿诺德·费鲁伊(Arnold Verruijt)岩体强度准则,推导出改进后的太沙基公式,克服了因破碎岩体残余黏聚力过大,传统的太沙基理论无法计算其顶板压力的缺点;系统地对破碎岩体大断面巷道支护技术及理论进行了归纳总结;探讨了破碎岩体大断面巷道应力分布规律;重点研究了U型钢支架的力学特性及联合支护下的巷道围岩变形规律。本书通过力学分析、室内岩石力学试验、相似材料模拟、现场监测、数值模拟实验等方法研究在不同支护方式下破碎围岩大断面巷道的变形破坏规律,提出具有足够强度和刚度且能充分发挥围岩自承能力的支护形式,对复杂条件下的大断面巷道支护具有重要的工程借鉴意义。

　　本书共分7章,第1章分析了国内外对破碎围岩大断面巷道支护技术的研究现状,系统地对破碎岩体大断面巷道支护技术及理论进行了归纳总结;第2章运用经典力学理论对破碎介质围岩巷道的稳定性进行了力学分析,推导出改进后的太沙基公式;第3章通过单轴抗压强度及剪切试验,得到平顶山天安煤业股份有限公司六矿(以下简称平煤六矿)斜井顶板粉砂岩的基本力学特性。通过流变试验推导出顶板粉砂岩伯格斯体模型本构方程;第4章采用相似材料模拟试验研究分析了煤层开采时上覆岩层破坏规律、巷道围岩压力分布规律、"三带"高度,在现场实测垮落带及裂隙带的高度,并与相似材料模拟试验相验证;第5章利用力法原理对刚性支架进行了内力计算和承载能力分析,同时利用 FLAC^{3D} 软件对 U 型钢支架壁后注浆原理进行了分析,在分析支架结构补偿原理的基础上,针对大断面破碎围岩底板底鼓严重的特点,创新性地设计出反底拱锚杆支护结构补偿方案;第6章分析了底板预应力锚索对维持巷道围岩整体稳定的作用原理,阐述了预应力对于破碎岩体的支护效果具有重要意义,同时分析了可压缩性垫板装置可以满足"高阻让压"的要求的原理;第7章针对平煤六矿新建斜井穿越采空区时的围岩特性和应力分布特征,采用"全断面 U 型钢+壁后注浆+反底拱+底拱联锁梁+底板锚杆补偿"联合支护方案支护巷道,巷道围岩稳定,支护效果良好。

本书的出版得到了国家自然科学基金面上项目(51974118)和湖南省教育厅优秀青年项目(18B226)的资助。在本书撰写过程中,湖南科技大学采矿工程系多位教授给予了大力支持,在此一并表示感谢。

由于水平有限,书中难免存在不妥之处,敬请各位读者批评指正。

著　者

2019 年 9 月

目　　录

1   绪   论

1.1   问题的提出及研究意义

2013 年以来,随着中国经济增速的回落,煤炭市场的"黄金十年"也随之终结,对煤炭的需求减缓,煤炭长时间低价运行,导致煤矿基建投资不断减少。据中国煤炭市场网统计,全球已探明的化石能源中煤炭占 54.65%。在今后相当长一段时间内,煤炭依旧是我国能源消费的主体,约占能源消费总量的 70%,即便随着新能源的快速崛起,在未来的三五十年,煤炭在我国一次能源中仍将占据50%左右份额。因此,高效、合理、安全地开发煤炭资源仍然是当今我国能源经济建设的主旋律。

随着支护技术的革新及煤矿机械化程度的提高,煤矿大断面巷道硐室的施工技术越来越成熟,井下的巷道断面面积随着煤炭产量的提升变得越来越大。近年来,我国许多矿井由于生产的需要,布置了大量的大断面巷道硐室,大断面巷道有利于井下生产、运输、通风,但大断面巷道的支护问题一直是采矿界致力攻克的技术难点之一。特别是破碎围岩的大断面巷道硐室施工极其困难,这是由于大断面巷道硐室围岩的高应力环境、巷道硐室复杂的围岩性质以及所受采动影响,都会导致开挖后的巷道围岩稳定性差,变形速度快,顶板强烈下沉(图 1-1),两帮剧烈内移(图 1-2),底鼓严重(图 1-3)。因此,煤矿中破碎围岩大断面巷道围岩失稳的现象非常普遍,而破碎围岩大断面巷道支护系统的稳定性问题则是采矿科学界亟待解决的重要课题之一。

近年来,虽然主动支护技术如锚杆支护已有较深入的研究,因锚杆支护具有能较好地改善巷道围岩体受力情况、能充分发挥巷道围岩的承载能力等优势,故其推广较广泛。然而,科研人员在对我国平顶山、淮北等矿区煤矿的破碎围岩巷道支护难题研究中发现,巷道围岩赋存条件极大限度地限定了锚杆支护技术的应用范围,如果在围岩较为破碎的巷道中采用锚杆支护,有效、稳定的承载结构就很难在巷道围岩浅部构建,导致锚杆的锚固承载力较难发挥,这也是此类巷道经常发生大面积围岩变形的原因所在(图 1-4)。

图 1-1　顶板下沉

图 1-2　两帮内移

图 1-3　底鼓严重

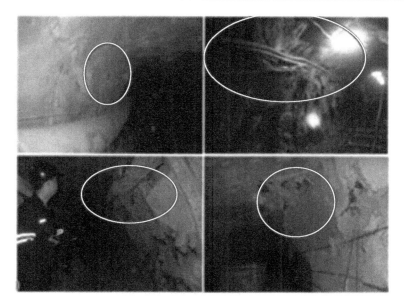

图 1-4 巷道变形图

　　在破碎围岩大断面巷道中,相对于锚杆、锚索支护等主动支护而言,因 U 型钢支架具有支护强度大、护表性能强、安装方便快捷等优点,应用较为广泛。但在 U 型钢支架实际应用工程中,尽管壁后充填技术和全封闭支架能使 U 型钢支架受荷载情况得到较大程度的改善,能较大幅度地提高 U 型钢支架的承载能力。然而,由于 U 型钢支架受载荷状况、支架结构、"支架-围岩"关系等在很大程度上制约着 U 型钢支架承载能力,U 型钢支架整体稳定性较差。如果仅依靠单纯的 U 型钢被动支护,则未破碎的完整深部围岩的自承能力难以发挥,而 U 型钢支架仍然会出现破坏现象(图 1-5)。

图 1-5 U 型钢支架失效图

平煤六矿新掘胶带斜井斜长 1 575 m,净断面面积为 23.1 m²,属于大断面巷道(图 1-6)。掘进总体积为55 898 m³。斜井大约在斜长为 1 000 m 的位置穿越采空区。该采空区松动范围较大,围岩非常容易垮落,且围岩中含蒙脱石、高岭石等黏土矿物较多。另外,井筒下方两组煤层也在前期被采空,煤层的上覆岩层破碎较为严重。因此,如果位于采空区破碎围岩带的新建斜井巷道不采用较为合理的支护技术方案,将难以控制巷道围岩的大变形,甚至可能导致斜井大面积坍塌,给矿井正常的安全生产带来极大危害。

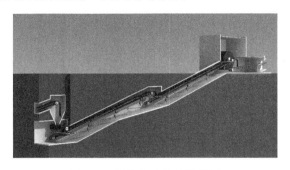

图 1-6 平煤六矿斜井效果图

本书是在国家自然科学基金面上项目"采空区破碎煤岩二次成岩机理及其力学特性研究"(51974118)以及湖南省教育厅优秀青年项目"软弱破碎围岩大断面巷道应力分布规律及支护机理研究"(18B226)两个项目基础上,结合平煤六矿穿越采空区的新建斜井巷道支护技术开展的专题研究。通过力学分析、室内岩石力学实验、相似材料模拟、现场监测、数值模拟试验等方法,研究在不同支护方式下破碎围岩大断面巷道的变形破坏规律,提出具有足够强度和刚度且能充分发挥围岩自承能力的支护形式,对复杂条件下的大断面巷道支护具有重要的工程借鉴意义。

1.2 国内外研究现状

1.2.1 破碎围岩特性研究现状

因在采动影响或者特殊地质条件下,矿井掘进巷道、铁路及公路隧道施工经常碰到破碎围岩情况。国内外学者在破碎围岩特性研究方面通过各种实验手段取得了丰硕的成果。

古德曼(Goodman)和石根华利用矢量分析法、全空间赤平投影法及运动学理论创新性地提出了块体理论,认为影响隧道围岩稳定的关键是开挖临空面上的关键块体。隧道周边围岩对支护体施加的载荷为：

$$P = \sum_{i=1}^{n} V_i \gamma \sin \delta_i$$

式中　V_i——块体体积；

　　　δ_i——滑动结构面的倾角；

　　　γ——围岩容重。

晋基维茨等人利用有限元分析方法提出了岩体中的裂隙和裂缝无法承受拉应力的理论。该理论认为，当岩体裂隙间距较小时，可以将裂隙岩体的力学性能看做连续的。

阿吉瑞斯（Argyris）、马克（Marcol）、Goodman 等人又相继运用非线性弹塑性有限元方法分析研究了带有节理岩石的边坡工程。

阿纳格诺斯托（Anagnostou）指出软弱破碎围岩的破坏变形具有流变性，认为在开挖巷道初期不会产生较大的变形破坏，但破碎围岩通过蠕变扩展，在几年后巷道会产生大的底鼓。

国内对破碎岩体力学性能的研究主要侧重于对破碎围岩进行注浆、加锚杆等固结形式进行约束后测试其抗压强度、应变等力学参数。具体研究成果如下：

韩立军通过数值模拟试验发现，破裂岩体经注浆并加锚杆约束后，能使破碎围岩体和支护体形成较为稳定的结构。

王汉鹏、高延法、李术才等通过对破碎岩石注浆加固力学特性单轴试验研究发现，注浆后的破碎岩石的力学性能可以得到较大程度的改善，注浆凝固后的破裂岩石强度可得到较大提高。

金爱兵研究发现，注浆后的破裂岩石单轴抗压强度可以恢复到未破坏岩石抗压强度的 40%～50%。

胡毅夫通过对破碎围岩巷道断面收敛全过程观测，发现注浆加固后的破碎围岩位移具有破坏周期性、方向变异性和速度变化的差异性等特性。

郭臣业通过 MTS815 对砂岩进行峰后的三轴等围压试验后，得出如图 1-7 所示的破裂砂岩在连续和循环加载下的变形规律。其分析认为，岩石试件在 $C'D'$ 阶段承载力并没有降到零，说明破裂岩石仍有承载力。

贾格尔（Jager）以及库克（Cook）提出，在低围压条件下，脆性破坏是峰后岩石变形的主要特征。

约瑟夫（Joseph）通过试验建立了峰后岩石弹性模量拟合函数，假定破碎岩石的残余应力与围压呈二次函数关系，得到了破裂岩石残余强度与峰值强度的关系曲线。

里纳尔迪（Rinaldi）通过损伤力学建立了破裂岩石的损伤本构模型。

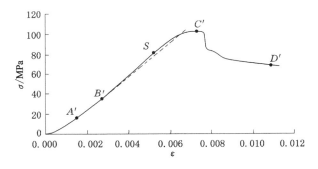

图 1-7　破碎砂岩应力-应变曲线

李英杰等人对破碎、软岩隧道的破坏规律进行了相似材料模拟研究,认为该类围岩巷道的破坏是先从拱腰处开始剪切破坏,再扩展到拱顶,拱顶围岩是拉伸变形成拱形裂纹。

陆士良利用 FLAC 模拟并分析了破碎围岩注浆加固机理。该研究表明,锚杆注浆加固技术既可以将破碎围岩的自承能力提高,又能使"支架-围岩"相互作用关系改善。在注浆加固范围内破碎围岩的切向应力提高明显,最大值可达 1 MPa,注浆前后的应力分布如图 1-8 所示。

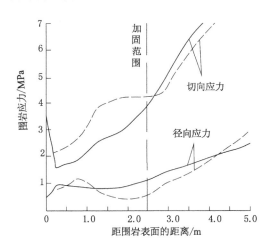

图 1-8　注浆前后围岩应力变化图

赵同彬利用楠竹作为模拟锚杆,采用松香酒精和重晶石粉的拌合料作为黏结剂,选择破碎红砂岩作为被锚固体,对其进行了蠕变特性试验研究。研究结果表明,当加载到完整红砂岩极限荷载的 1/2 时,试件开始表现出明显蠕变特性;

当加载到 90% 极限荷载时,试件蠕变破坏。该研究得到的应变-时间关系如图 1-9 所示。

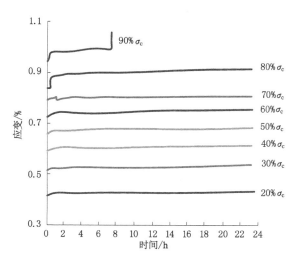

图 1-9　破碎红砂岩加固后的蠕变曲线

丁秀丽通过结构面不同应力下的剪切蠕变试验,得到了结构面的剪切蠕变规律。

1.2.2　破碎围岩大断面巷道支护理论研究现状

近年来,众多科研工作者经过不懈努力,在破碎围岩大断面巷道围岩控制及稳定性分析方面取得了一些成果。

以普氏地压假说、太沙基理论、块体极限平衡理论等为代表的散体理论,认为支护体上的载荷主要是来自平衡拱内的破碎岩体自重。

董方庭等人在经过大量工程实践研究后,提出了围岩松动圈理论。该理论的核心思想是巷道围岩如果产生了松动圈,则围岩的碎胀变形载荷是其最大围岩变形载荷。因此,支护控制的重点应该是控制岩石的碎胀变形,支护力和松动圈尺寸有关。

冯豫、郑雨天等人在研究破碎围岩特性的基础上,提出了有别于新奥法的联合支护理论。该理论的核心思想是破碎围岩巷道的支护应该先让压,再强力支护。即支护初期为柔性支护,后期为刚性支护。

于学馥提出的轴变理论认为,轴比变化与地应力密切相关,该理论根据不同的巷道方向,以"应力分布轴比""围岩稳定轴比"和"等应力轴比"三个规律,全方位地分析了巷道轴比与巷道围岩稳定之间的关系。

何满潮院士提出了巷道关键部位耦合组合支护理论。该理论认为,支护结构的刚度及强度与围岩的不耦合是造成巷道变形失稳的重要原因,巷道的支护重点在于巷道易造成支架系统整体失稳的关键部位,也就是第二步的刚性强力支护措施是重点。

方祖烈提出了主、次承载区维护理论。该理论认为,维护巷道稳定的主要承载体是巷道围岩,受深部应力集中形成的压缩区是影响巷道整体稳定的主承载区,而浅部破碎岩体是次承载区,起辅助维护作用。

侯朝炯等提出了强化围岩强度理论。该理论的核心是通过强化锚固破碎岩体的残余强度,使破碎岩体和支护体形成一个整体,作为一个统一的应力承载结构,最终来改善围岩的稳定性。

王卫军提出了"内、外承载结构"理论。其内结构包括围岩破碎区和部分塑性区,即径向应力最高值的边界,是巷道围岩的主要承载结构;外结构为深部完整围岩区。

蒋斌松等人对破碎围岩圆形巷道进行了弹塑性解析,建立了破碎区和塑性区位移和应变的公式,分别计算了破裂区和弹塑性区的范围。

樊克恭提出了弱结构围岩巷道非均称控制机理。该理论认为,弱结构体是影响围岩稳定性的主要因素。

李大伟等人认为,破碎围岩大断面巷道的支护重点在于控制围岩流变,在此基础上提出了分步支护破碎围岩巷道理论,即"一次锚网喷+二次高强度大刚度支护"理论。

在隧道工程中,针对破碎围岩大断面隧道,国内外学者也进行了较深入的研究。其中,奥地利的拉布维茨(Rabcewicz)提出了经典的新奥法,认为围岩是支护结构体系的主要承载单元。李(Lee)对隧道稳定性和软弱岩层拱的作用原理进行了较深入的研究。黄锋(Huang)和费拉迪(Fraldi)认为,当破碎围岩隧道埋深到一定的深度时,顶板失稳依然是其主要的破坏形式。莫隆(Mollon)和旺加(Wonga)通过对圆形隧道的力学分析得出隧道掌子面被动破坏机理。科克姆(Corkum)和常(S. H. Chang)通过建立深埋破碎围岩隧道力学模型,得出了深埋隧道围岩破坏失稳机理。

综上所述,对于破碎围岩大断面巷道的支护理论研究已较成熟,特别是近年来随着将流变学、非线性理论、断裂力学引进到破碎围岩巷道的力学分析中来,使破碎围岩的本构关系、力学分布更符合现场工程实践;随着计算机数值模拟软件的不断改进,其模拟结果越加趋向于合理、可信,为巷道支护理论的发展提供了技术保障。

1.2.3　破碎围岩大断面巷道支护技术研究现状

国内外学者针对破碎围岩大断面巷道的特性开发了多种支护技术,具体如下:

1)U 型钢支架等棚式支护技术

对于破碎围岩巷道的支护,采用最多的还是被动支护,其中又以 U 型钢支架等棚式支护为主。

U 型钢支架的推广使用始于 1932 年的德国鲁尔矿区,该支护技术在 1977 年的德国鲁尔矿区占 90%,则 U 型钢支架支护的优点显而易见;同时,波兰、英国等国家的 U 型钢支架支护也占 70%以上。国外对 U 型钢支架的使用主要是拱形可缩性支架,且十分重视壁后充填工艺。

我国 U 型钢支架支护始于 20 世纪 60 年代的淮南矿务局和开滦矿务局,其中又以开滦矿务局推广最为广泛,其支护技术占巷道支护的 50%以上。据最新统计数据显示,U 型钢以超过 10 万 t/a 的量投入到我国煤矿巷道支护中,应用非常广泛,故很多研究者在其支护技术方面做了深入研究。

尤春安研究了可缩性 U 型钢支架缩动后的几何形状,并计算了支架的残余内力。

陆士良通过对直腿型 U 型钢支架载荷的理论计算,认为均布载荷时的 U 型钢支架承载力最大,对于非对称载荷的巷道应该使用非对称 U 型钢支架。

王宏伟在铁法等矿的巷道支护中应用"高强度、高预应力锚杆+U 型钢可缩性支架"的支护技术,达到了有效控制围岩变形的效果。

高延法等人建立了 U 型钢支架受力的二维方程,对壁后注浆、支架卡缆、支架拉杆分别进行了力学分析,提出了最佳支护时间的理念,得到工程界较大认可。

方新秋等人在薛湖矿破碎围岩的轨道大巷应用了分步联合支护技术,即"第一步 U 型钢支架支护+第二步锚注和锚索支护",应用效果良好。

2)锚杆锚索喷浆等主动支护技术

我国锚杆支护技术始于 20 世纪 80 年代,在 90 年代后期到 21 世纪初期,锚杆支护形成了一套较为完善的理论和技术体系,是我国巷道的主要支护技术之一。其中以侯朝焕、陆士良、马念杰、康红普、张农、王卫军等学者在锚杆、锚索支护技术上贡献良多。在破碎围岩巷道中,应用锚喷支护可使破碎围岩的应力状态得到较大的改善。然而,随着锚杆的锚固性能、适应能力更加完善以及喷射混凝土浆液性能的改善,锚喷支护技术控制破碎围岩巷道大变形的能力大大加强。

3)注浆加固支护技术

经典岩石力学认为,采用各种技术手段提高和保持巷道围岩的强度是巷道支护技术的关键和核心所在。注浆能有效控制巷道围岩变形,使巷道支护效果显著改善,其技术不仅切合破碎围岩巷道支护理论的发展方向,而且在现场实践中具有较优越的经济效益,具有一定的推广价值。

4)联合支护技术

联合支护技术并非各种支护技术的简单叠加,而是多种支护方式的耦合、联合及组合。通过耦合各类支护体使之一体化,从而使作用在支护体的载荷更加均匀,可有效控制破碎围岩的再一次大变形,抑制塑性区的恶性扩张,最终控制巷道围岩的变形,达到维护巷道稳定的目的。需要说明的是,此类技术已在大量工程实践中得到了有效应用。

1.3　存在的问题

综上所述,我国近年来在巷道支护技术及理论上的研究有了突飞猛进的进展,针对不同围岩特性和应力环境,采用力学分析、数值模拟等手段提出了不同的支护技术,且在绝大多数工程应用中较为成功。但是,针对破碎围岩大断面巷道支护问题时,目前还缺乏系统性研究和连续性研究。

目前,我国对破碎围岩巷道采用较多的是锚杆等主动支护技术。由于巷道围岩的浅部是破碎岩体,锚杆锚固力无法有效发挥,且浅部破碎岩体的剪胀变形也会导致锚杆预应力丧失。锚杆等支护体无法在浅部破碎岩体中形成有效的承载结构,故易发生巷道顶板事故。研究表明,单一的锚杆锚索等主动支护并不一定能满足破碎围岩巷道的支护要求。

棚式支护(U 型钢支架等被动支护)因其维护巷道表面性能较好等优点,在破碎围岩巷道中应用较为广泛。但采用单纯的被动支护,由于其支架结构特征、支架受荷载情况、支架结构稳定性的影响,其承载能力很难满足巷道稳定要求。"支架-围岩"相互作用关系较差是这类被动支护的最大缺陷,因而工程实践中采用单纯的被动支护经常出现 U 型钢支架失稳破坏。

联合支护是矿山巷道支护工程的趋势,然而在破碎围岩大断面巷道支护中,尽管该支护方法对巷道浅部破碎岩体实施了强度耦合支护,在一定程度上能够控制局部的破碎围岩巷道非连续性变形,但是其支架承载能力较小,且承载结构整体稳定性较差。

巷道支护工程实践表明,支护结构的结构性失稳是破碎围岩大断面巷道失稳破坏的主要原因。因此,提高支护结构的承载能力和整体稳定性是破碎围岩大断面巷道支护的关键点所在。

2 破碎介质围岩巷道稳定性力学分析

　　巷道围岩经多次采动影响后,巷道围岩压力重新分布,当前经典理论只有太沙基理论涉及破碎围岩巷道顶板压力计算,但计算数据往往很小,未能反映岩石巷道的实际情况。破碎围岩巷道支护难点就在于破碎围岩巷道的力学分析,本章拟基于经典的卡斯特纳公式,运用统一强度理论,结合经典岩石力学理论建立破碎介质围岩巷道力学模型,推导出破碎围岩巷道顶板松动压力计算公式,以此指导破碎围岩巷道支护设计。

2.1 圆形巷道围岩稳定性分析

2.1.1 一般围岩巷道弹性应力状态

　　基本假定:

　　(1) 围岩各向同性,均质,且连续;

　　(2) 巷道埋深不小于 $20R_0$,断面形状为圆形,处于静水压力(各向等压)状态;

　　(3) 轴对称平面应变圆孔状态(图 2-1)。

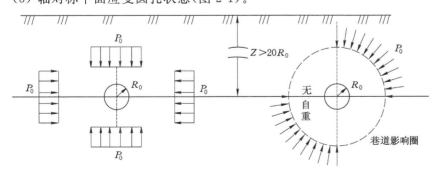

R_0—巷道半径;P_0—原岩应力;Z—埋深。

图 2-1 平面应变圆巷力学模型

静力平衡方程：

$$\frac{\mathrm{d}\sigma_r}{\mathrm{d}r} + \frac{\sigma_r - \sigma_\theta}{r} = 0 \tag{2-1}$$

几何方程：

$$\varepsilon_r = \frac{\mathrm{d}u}{\mathrm{d}r} \tag{2-2}$$

$$\varepsilon_\theta = \frac{u}{r} \tag{2-3}$$

本构方程：

$$\varepsilon_r = \frac{1-\nu^2}{E}\left(\sigma_r - \frac{\nu}{1-\nu}\sigma_\theta\right) \tag{2-4}$$

$$\varepsilon_\theta = \frac{1-\nu^2}{E}\left(\sigma_\theta - \frac{\nu}{1-\nu}\sigma_r\right) \tag{2-5}$$

当 $r=R_0$ 时，径向应力 $\sigma_r=0$（即无支护）；

当 $r\to\infty$ 时，$\sigma_r=P_0$。

由式(2-1)和式(2-5)及边界条件可解：

$$\left.\begin{array}{c}\sigma_\theta\\\sigma_r\end{array}\right\} = P_0 \pm \frac{R_0^2}{r^2}P_0 \tag{2-6}$$

上式中　σ_θ——切向应力；

σ_r——径向应力；

R_0——巷道半径；

P_0——原岩应力；

r——巷道周边岩层任意一点到巷道中心的距离；

ν——泊松比。

从图 2-2 可知，径向应力和切向应力的大小与角度无关，仅与围岩周围应力 P_0 及巷道半径 R_0 有关。且径向应力和切向应力均为主应力，切向应力 σ_θ 为最大应力，而径向应力 σ_r 恒为最小应力，即 $\sigma_1=\sigma_\theta$、$\sigma_3=\sigma_r$。当 $r=R_0$（洞壁）时，$\sigma_r=0$，$\sigma_\theta=2P_0$，洞壁应力差最大，最易发生破坏。

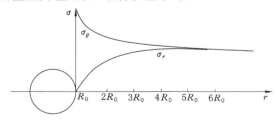

图 2-2　各向同性均质圆巷应力分布曲线

2.1.2　一般围岩巷道稳定性极限平衡分析

根据莫尔-库仑强度准则，围岩的破坏条件为：

$$\sigma_\theta = \frac{1+\sin\varphi}{1-\sin\varphi}\sigma_r + \frac{2c\cdot\cos\varphi}{1-\sin\varphi} = K\sigma_r + \sigma_c \tag{2-7}$$

这里，$\sigma_1 = \dfrac{2c\cdot\cos\varphi}{1-\sin\varphi} = \sigma_c$。

对于塑性破坏围岩来说，巷道周边围岩的稳定性可按单轴抗压强度来校核。即巷道周边围岩稳定性系数为：

$$K = \frac{\sigma_c}{\sigma_\theta(r-R_0)} = \frac{c\cdot\cos\varphi}{(1-\sin\varphi)P_0} \tag{2-8}$$

从式(2-8)可知，当 $P_0 > \dfrac{c\cdot\cos\varphi}{1-\sin\varphi}$ 时，巷道壁开始出现塑性破坏。

2.2　圆形巷道围岩应力状态

同理，当侧压系数 $\lambda > 1$ 时，巷道径向应力和切向应力的解为：

$$\begin{cases} \sigma_r = \dfrac{1}{2}(\lambda+1)P_0\left(1-\dfrac{R^2}{r^2}\right) + \dfrac{1}{2}(\lambda-1)P_0\left(1-4\cdot\dfrac{R^2}{r^2}+3\cdot\dfrac{R^4}{r^4}\right)\cos(2\theta) \\ \sigma_\theta = \dfrac{1}{2}(\lambda+1)P_0\left(1+\dfrac{R^2}{r^2}\right) + \dfrac{1}{2}(\lambda-1)P_0\left(1+3\cdot\dfrac{R^4}{r^4}\right)\cos(2\theta) \end{cases}$$

$$\tag{2-9}$$

将 $\lambda=0\sim4$、$r=R$、$\theta=0\sim2\pi$ 代入式(2-9)，运用 Matlab 计算出切向应力分布规律，如图 2-3 所示。由此可知，圆形巷道左右帮的切向应力值与侧压系数 λ 成反比，而顶、底板切向应力值与侧压系数 λ 成正比。当 $\theta=0°$、$180°$时，其切向应力值最小；当 $\theta=90°$、$270°$时，其切向应力值最大。

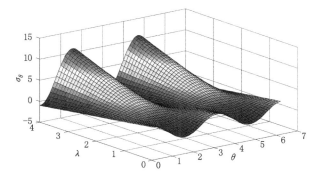

图 2-3　巷道切向应力分布图

2.3　破碎围岩巷道应力分析

当巷道周边围岩强度较低时,巷道周边围岩将有可能会形成一层破碎带。如果围岩破坏是脆性破坏形式,则围岩的承载力将下降显著,即存在较大的应力降。

破碎围岩的残余强度控制着巷道破碎围岩的应力分布,而径向应力是连续的,即破碎带径向应力与完整围岩的径向应力是相等的。由脆性破裂形成的应力降为:

$$\Delta\sigma_\theta = \left(\frac{1+\sin\varphi}{1-\sin\varphi} - \frac{1+\sin\varphi_0}{1-\sin\varphi_0}\right)\sigma_r + \sigma_c - \sigma_{c0} \tag{2-10}$$

式中　　$\Delta\sigma_\theta$——应力降;

σ_r——径向应力;

φ——完整围岩的内摩擦角;

φ_0——破碎围岩的内摩擦角;

σ_c——完整围岩的单轴抗压强度;

σ_{c0}——破碎围岩的单轴抗压强度。

巷道周边围岩破碎后,改变了岩石的力学性质,其应力分布情况见其力学模型图 2-4 所示。

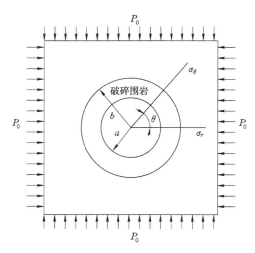

a—巷道半径;b—破碎围岩半径;P_0—围岩压力;θ—切向应力角;σ_r—径向应力;σ_θ—切向应力。

图 2-4　破碎围岩圆形巷道力学模型

其静力学平衡方程与式(2-1)相似,即:

$$\frac{\mathrm{d}\sigma_r}{\mathrm{d}r} + \frac{\sigma_r - \sigma_{\theta 0}}{r} = 0 \tag{2-11}$$

而已知残余强度极限平衡方程 $\sigma_{\theta 0} = \dfrac{1+\sin\varphi_0}{1-\sin\varphi_0}\sigma_r + \dfrac{2c_0 \cdot \cos\varphi_0}{1-\sin\varphi_0}$,将其代入式(2-11)中可得:

$$\int_a^r \frac{\mathrm{d}r}{r} = \frac{1-\sin\varphi_0}{2\sin\varphi_0}\int_{P_0}^{\sigma_r} \frac{\mathrm{d}\sigma_r}{\sigma_r + c_0 \cdot \cot\varphi_0} \tag{2-12}$$

对式(2-12)积分,可得:

$$\sigma_r = (P_0 + c_0 \cdot \cot\varphi_0)\left(\frac{r}{a}\right)^{\frac{2\sin\varphi_0}{1-\sin\varphi_0}} - c_0 \cdot \cot\varphi_0 \tag{2-13}$$

则其切向应力为:

$$\sigma_{\theta 0} = \frac{1+\sin\varphi_0}{1-\sin\varphi_0}\left[(P_0 + c_0 \cdot \cot\varphi_0)\left(\frac{r}{a}\right)^{\frac{2\sin\varphi_0}{1-\sin\varphi_0}} - c_0 \cdot \cot\varphi\right] + \frac{2c_0 \cdot \cos\varphi_0}{1-\sin\varphi_0} \tag{2-14}$$

如果围岩较为破碎,则 $c_0 = 0$,破碎围岩的径向应变和切向应变分别为:

$$\begin{cases} \sigma_r = P_0\left(\dfrac{r}{a}\right)^{\frac{2\sin\varphi_0}{1-\sin\varphi_0}} \\[3mm] \sigma_{\theta 0} = P_0\left(\dfrac{r}{a}\right)^{\frac{2\sin\varphi_0}{1-\sin\varphi_0}} \cdot \dfrac{1+\sin\varphi_0}{1-\sin\varphi_0} \end{cases} \tag{2-15}$$

由式(2-15)可知,破碎带内围岩的应力与围岩的残余强度关系最为密切。但是,如果破碎围岩经过多年的重新压实之后,破碎岩体的黏聚力仍然存在,破碎围岩巷道的稳定不仅依靠破碎岩块之间的摩擦阻力维持,还受其破碎围岩的残余强度及黏聚力的影响。所以,平煤六矿斜井穿越的采空区经20多年的压实后,破碎岩体的残余强度和黏聚力依然存在,在进行斜井掘进时,只要及时对其进行支护(支护力无须太大),就可以保证增加未破碎岩体的侧向应力,抑制塑性区范围的扩展,为斜井成功穿越采空区提供保障。

然而,破碎带外的完整围岩通常处于弹性状态,其应力状态满足应力平衡方程。根据式(2-6)及破碎区外边界条件,可得:

$$\left.\begin{array}{c} \sigma_\theta \\ \sigma_r \end{array}\right\} = P_0 \pm \frac{B}{r^2} \tag{2-16}$$

由式(2-13)和式(2-16)及破碎带内边界条件,可得:

$$B = b^2(P_0 + c_0 \cdot \cot\varphi_0)\left[\left(\frac{b}{a}\right)^{\frac{2\sin\varphi_0}{1-\sin\varphi_0}} - 1\right] \tag{2-17}$$

将式(2-17)代入式(2-16),则破碎围岩外的完整围岩的应力分布为:

$$\sigma_r = P_0 \left[1 - \frac{b^2}{r^2} + \left(\frac{b}{a} \right)^{\frac{2\sin\varphi_0}{1-\sin\varphi_0}} \right] + c_0 \cdot \frac{b^2}{r^2} \cdot \cot\varphi_0 \left[\left(\frac{b}{a} \right)^{\frac{2\sin\varphi_0}{1-\sin\varphi_0}} - 1 \right] \quad (2-18)$$

$$\sigma_\theta = 2P_0 - \sigma_r = P_0 \left[1 + \frac{b^2}{r^2} - \left(\frac{b}{a} \right)^{\frac{2\sin\varphi_0}{1-\sin\varphi_0}} \right] - c_0 \cdot \frac{b^2}{r^2} \cdot \cot\varphi_0 \left[\left(\frac{b}{a} \right)^{\frac{2\sin\varphi_0}{1-\sin\varphi_0}} - 1 \right]$$

$$(2-19)$$

将式(2-18)、式(2-19)与式(2-6)比较,可得:

$$\Delta\sigma_r = P_0 \left(\frac{b}{a} \right)^{\frac{2\sin\varphi_0}{1-\sin\varphi_0}} + c_0 \cdot \frac{b^2}{r^2} \cdot \cot\varphi_0 \left[\left(\frac{b}{a} \right)^{\frac{2\sin\varphi_0}{1-\sin\varphi_0}} - 1 \right] \quad (2-20)$$

$$\Delta\sigma_\theta = -P_0 \left(\frac{b}{a} \right)^{\frac{2\sin\varphi_0}{1-\sin\varphi_0}} - c_0 \cdot \frac{b^2}{r^2} \cdot \cot\varphi_0 \left[\left(\frac{b}{a} \right)^{\frac{2\sin\varphi_0}{1-\sin\varphi_0}} - 1 \right] \quad (2-21)$$

由式(2-20)可知,破碎围岩巷道的径向应力比深部完整围岩巷道的径向应力大,而其切向应力恰恰相反。由此可知,破碎围岩的存在使深部完整围岩增加了最小主应力,减少了最大主应力,如果能够将破碎围岩维护好,不致发生第二次扰动,则破碎带能起到衬砌作用。以上研究可以很好地解释巷道开挖初期围岩破坏明显、围岩破坏不会一直发生、围岩可以自稳的现象,通常称为"松动自稳"阶段。

2.4 破碎围岩巷道"围岩-支护"相互作用机理

为分析破碎围岩巷道"围岩-支护"的相互作用机理,本文运用厚壁管的弹性理论进行分析研究。如图 2-5 所示,设巷道半径为 a,破碎围岩半径为 b,巷道支护抗力为 P_i,设原岩应力为静水压力状态,围岩压力为 P_0。

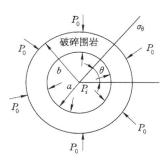

图 2-5 破碎围岩巷道"围岩-支护"力学模型

根据厚壁管理论及拉密定律可知,弹性区(完整围岩)围岩应力分布如下:

$$
\begin{cases}
\sigma_r = \dfrac{a^2\,(b^2-r^2)}{r^2\,(b^2-a^2)}P_i + \dfrac{b^2\,(a^2-r^2)}{r^2\,(b^2-a^2)}P_0 \\[3mm]
\sigma_\theta = \dfrac{a^2\,(b^2+r^2)}{r^2\,(b^2-a^2)}P_i - \dfrac{b^2\,(a^2+r^2)}{r^2\,(b^2-a^2)}P_0
\end{cases}
\tag{2-22}
$$

由弹性区和破碎围岩影响区交界处的径向应力相等可知：

$$
\sigma_r^{\mathrm{e}} = \sigma_r^{\mathrm{p}}
\tag{2-23}
$$

将式(2-13)和式(2-17)代入式(2-23)，可得：

$$
P_0\left[1-\frac{b^2}{r^2}+\left(\frac{b}{a}\right)^{\frac{2\sin\varphi_0}{1-\sin\varphi_0}}\right]+c_0\cdot\frac{b^2}{r^2}\cdot\cot\varphi_0\left[\left(\frac{b}{a}\right)^{\frac{2\sin\varphi_0}{1-\sin\varphi_0}}-1\right]
$$

$$
=(P_i+c_0\cdot\cot\varphi_0)\left(\frac{r}{a}\right)^{\frac{2\sin\varphi_0}{1-\sin\varphi_0}}-c_0\cdot\cot\varphi_0
$$

设破碎围岩影响区半径为 R，则有：

$$
P_i=\left(\frac{a}{R}\right)^{\frac{2\sin\varphi_0}{1-\sin\varphi_0}}\left\{
\begin{array}{l}
P_0\left[1-\dfrac{b^2}{R^2}+\left(\dfrac{b}{a}\right)^{\frac{2\sin\varphi_0}{1-\sin\varphi_0}}\right]+\\[3mm]
c_0\cdot\dfrac{b^2}{R^2}\cdot\cot\varphi_0\left[\left(\dfrac{b}{a}\right)^{\frac{2\sin\varphi_0}{1-\sin\varphi_0}}-1\right]
\end{array}
\right\}-c_0\cdot\cot\varphi_0
\tag{2-24}
$$

运用 Matlab 对式(2-24)进行分析，如图 2-6 所示。

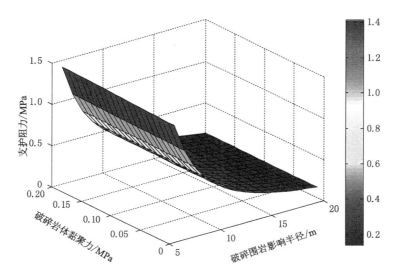

图 2-6　支护力、围岩压力及破碎围岩影响半径关系图

从图 2-6 可知，破碎围岩巷道支护力与破碎围岩影响区半径成反比关系，随着破碎影响区的增加，部分变形能释放，围岩作用在支护的压力变小。破碎围岩

影响半径无论有多大,但支护抗力也不会小于一定值,破碎围岩影响半径即使为零,其支护抗力也很小。破碎围岩巷道支护力与破碎岩体的残余黏聚力成正比,随着残余黏聚力的增大,其支护抗力就越大。

2.5 破碎岩体巷道松动压力分析

当巷道埋深超过 20 倍巷道半径时,巷道周边一定范围内的岩体直接影响巷道的围岩压力。对于埋深符合深埋条件且周边围岩属于松散破碎围岩的巷道,可以将巷道周边岩层看作具有一定黏聚力的松散体,利用太沙基(Terzaghi)理论或者普氏理论计算其巷道顶围岩压力。

针对松散体岩石、破碎岩石围岩的地压计算研究,有主要的两种代表学说应用较为广泛:一是俄罗斯科学家普基维茨(M. Лромобъяконоб)的松散体地压学说(普氏地压学说);二是美国学者太沙基的松动地压学说。

2.5.1 基于普氏地压学说破碎围岩斜井地压分析

普氏理论认为,破碎岩体仍具有一定的黏聚力。普氏地压学说围岩压力计算模型如图 2-7 所示。巷道开挖后,巷道顶部岩层将形成类似拱状的自然平衡拱。在巷道的两帮处,两帮处滑动面与两帮夹角为 $45° - \varphi/2$。该学说认为,自然平衡拱内的岩层自重就等于巷道顶部的围岩压力。

为了计算自然平衡拱内岩体的自重。如图 2-7 所示,在拱轴线上任取一点 $M(x,y)$,根据普氏学说假设(岩层不能承受拉应力),M 点的弯矩为零,即:

$$Ty - \frac{qx^2}{2} = 0 \qquad (2-25)$$

式中 T——水平推力;

q——上覆岩层自重产生的均布载荷。

上述方程中有两个未知数,还需要建立一个方程才能求得其解。由静力平衡方程可知,$T = T'$。

普氏地压学说认为,当拱脚的水平推力 T' 满足式(2-26)时(即不大于拱脚处垂直反力产生的摩擦力),巷道拱脚处的水平位移就会得到抑制,从而不改变自然平衡拱的内力分布:

$$T' \leqslant qa_1 f \qquad (2-26)$$

式中 a_1——自然平衡拱的最大宽度;

f——普氏系数。

该学说增加了安全系数,将水平推力减半,即令 $T = qa_1 f/2$,代入式(2-25)可得:

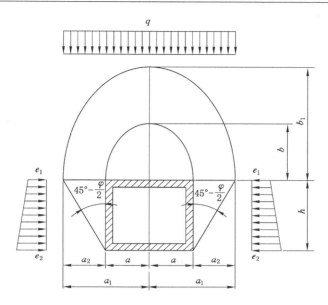

q—均布载荷;a—两帮稳定时平衡拱的宽度;a_1—自然平衡拱的最大宽度;
b—两帮稳定时平衡拱的极限高度;b_1—自然平衡拱的极限高度;e_1,e_2—两帮的最小、最大侧向压力;
h—巷道高度;a_2—两帮稳定时外平衡拱的宽度;φ—内摩擦角。

图 2-7 普氏围岩压力计算模型

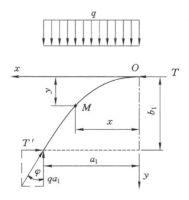

图 2-8 自然平衡拱计算简图

$$y = \frac{x^2}{a_1 f}$$

当两帮稳定时,即初始条件为:$x = a$、$y = b$,代入上式可得:

$$b = \frac{a}{f}$$

当两帮不稳定时,即初始条件为:$x = a_1$、$y = b_1$ 时,代入上式可得:

$$b_1 = \frac{a_1}{f}$$

a_1 可按式(2-26)计算:

$$a_1 = a + h\tan\left(45° - \frac{\varphi}{2}\right) \tag{2-27}$$

在工程实践中,为了便于计算,通常将巷道顶端的最大围岩压力作为均布荷载。因此,巷道顶端最大围岩压力为:

$$q = \gamma b_1 = \frac{\gamma a_1}{f} \tag{2-28}$$

则两帮的侧向压力为:

$$\begin{cases} e_1 = \gamma b\tan^2\left(45° - \frac{\varphi}{2}\right) \\ e_2 = \gamma (b+h)\tan^2\left(45° - \frac{\varphi}{2}\right) \end{cases} \tag{2-29}$$

将平煤六矿斜井的断面特征以及围岩状况代入上述公式,可计算出巷道顶端承受最大荷载 $q = 0.1$ MPa,两帮最小侧向压力 $e_1 = 0.003$ MPa,两帮最大侧向压力 $e_2 = 0.007$ MPa。

2.5.2 基于太沙基地压学说破碎围岩斜井地压分析

太沙基地压学说是运用应力传递原理推导垂直方向的围岩压力。如图 2-9 所示,断面特征为矩形巷道($2a \times h$),上覆岩层为松散岩层,但保有一定的黏聚力。太沙基地压学说认为,当支护结构发生挠曲变形时,会使松散岩层发生移动,且巷道两帮的滑移面以 $45° - \varphi/2$ 的角度倾斜,并以近铅直的破裂面波及到地表面。

薄层单元体在竖向力的平衡条件为:

$$2a_1\sigma_v + \int 2a_1\gamma dz - \int 2a_1(\sigma_v + d\sigma_v) - 2\int(k\sigma_v\tan\varphi + c)dz = 0 \tag{2-30}$$

式中 σ_v ——垂直方向初始地应力;

  γ ——岩层容重;

  k ——侧向压力系数;

  dz ——薄层单元体厚度;

其余符号意义同前。

将边界条件 $z = 0$(z 为薄层单元体埋深),$\sigma_v = P_0$ 代入式(2-30),可得:

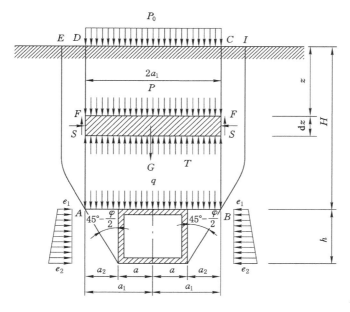

H—埋深；其他符号意义同图 2-7。

图 2-9　太沙基地压力学模型

$$\sigma_{\mathrm{v}} = \frac{a_1 \gamma - c}{k \cdot \tan \varphi}(1 - \mathrm{e}^{-\frac{k \cdot \tan \varphi}{a_1} z}) + P_0 \mathrm{e}^{-\frac{k \cdot \tan \varphi}{a_1} z} \tag{2-31}$$

再将 $z = H$ 代入式(2-31)，巷道顶部的垂直方向围岩压力为：

$$q = \frac{a_1 \gamma - c}{k \cdot \tan \varphi}(1 - \mathrm{e}^{-\frac{k \cdot \tan \varphi}{a_1} H}) + P_0 \mathrm{e}^{-\frac{k \cdot \tan \varphi}{a_1} H} \tag{2-32}$$

式(2-32)对于浅埋和深埋巷道均适用。当巷道埋深大于 $5a$ 时，式(2-32)可改写为：

$$q = \frac{a_1 \gamma - c}{k \cdot \tan \varphi} \tag{2-33}$$

2.5.3　基于改进太沙基地压理论破碎围岩斜井地压分析

太沙基地压理论是在莫尔-库仑强度准则基础上建立的，只考虑了最大、最小主应力的影响，而中间主应力 σ_2 没有考虑。但在工程实践中，中间主应力经证明是存在的，且影响较大。由式(2-33)可看出，破碎松散岩体侧向压力系数与围岩压力成反比，并且对围岩压力影响较大，其中 k 值选取一般较为困难。

本书运用俞茂宏教授提出的统一强度理论，将考虑中间应力 σ_2 的影响因素，并根据阿诺德·韦鲁伊特（Arnold Verruijt）岩体强度准则，利用极限平衡方法对侧压力系数进行求解，从而改进太沙基地压学说指导实践。

根据 Arnold Verruijt 岩体强度准则,利用极限平衡分析方法对滑动面进行分析,如图 2-10 所示;再根据莫尔-库仑强度准则(图 2-11)联合推导,见式(2-34)。

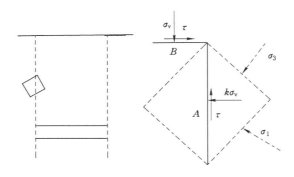

图 2-10　滑动面极限平衡状态

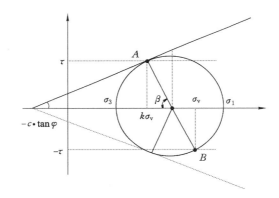

图 2-11　Mohr-Coulomb 强度准则

由图 2-10 可知:

$$\begin{cases} \beta = 90° - \varphi \\ \tau = c + k\sigma_v \cdot \tan \varphi \\ \sigma_v = k\sigma_v + 2\tau \cdot \tan \beta \end{cases}$$

联合上式可得:

$$k = \frac{\sigma_v - 2c \cdot \tan \varphi}{\sigma_v (1 + 2\tan^2 \varphi)} \tag{2-34}$$

将式(2-34)代入式(2-30),且由边界条件($z=0$,$\sigma_v=P_0$)可得:

$$\sigma_{\mathrm{v}} = \frac{1 + 2\tan^2 \varphi}{\tan \varphi}\left(\gamma a_1 - c + \frac{2c \cdot \tan^2 \varphi}{1 + 2\tan^2 \varphi}\right)\left(1 - e^{-\frac{\tan \varphi}{a_1(1+2\tan^2 \varphi)}z}\right) +$$

$$P_0 \frac{\tan \varphi}{1 + 2\tan^2 \varphi} e^{-\frac{\tan \varphi}{a_1(1+2\tan^2 \varphi)}z}$$

同理,对于巷道埋深大于 $5a$ 时,公式改为:

$$q = \frac{1 + 2\tan^2 \varphi}{\tan \varphi}\left(\gamma a_1 - c + \frac{2c \cdot \tan^2 \varphi}{1 + 2\tan^2 \varphi}\right) \tag{2-35}$$

斜井巷道断面尺寸为 $3.77 \text{ m} \times 5.07 \text{ m}$,围岩容重 $\gamma = 2\,500 \text{ kN/m}^3$。通过单轴抗压强度试验得到斜井顶板粉砂岩 $\sigma_{\mathrm{c}} = 53.18 \text{ MPa}$,$\varphi = 30°$,将其代入式(2-35),计算结果与原太沙基公式做比较。

由图 2-12 可知,传统的太沙基公式受限于松散土体,对破碎松散岩层适应性不强,这是由于破碎松散岩层的黏聚力有时会超过土体的黏聚力,而用极限平衡分析方法改进后的太沙基公式较好地解决了这个问题。

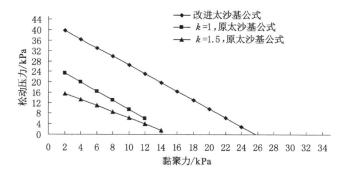

图 2-12 顶板松动压力与黏聚力的关系

为更加精确地求得顶板位置的松动压力,利用统一强度理论,并且在改进后的太沙基公式基础上再做改进。

现对统一强度理论进行如下表述。

当 $\sigma_2 \leqslant \dfrac{\sigma_3 + \alpha \sigma_1}{1 + \alpha}$ 时,有:

$$F = \alpha \sigma_1 - \frac{b\sigma_2 + \sigma_3}{1 + w} = \sigma_\tau$$

当 $\sigma_2 \geqslant \dfrac{\sigma_3 + \alpha \sigma_1}{1 + \alpha}$ 时,有:

$$F = \frac{\alpha}{1 + w}(w\sigma_2 + \sigma_1) - \sigma_3 = \sigma_\tau$$

式中　　w——统一强度理论参数;

σ_τ——拉伸强度极限,$\sigma_\tau=\dfrac{2c \cdot \cos \varphi}{1+\sin \varphi}$;

α——材料拉压强度比值,$\alpha=\dfrac{\sigma_\tau}{\sigma_c}=\dfrac{1-\sin \varphi}{1+\sin \varphi}$。

为便于计算中间主应力的影响因素,利用统一强度理论,并且引入双剪应力状态参数 $\mu_\tau=\dfrac{\sigma_2-\sigma_3}{\sigma_1-\sigma_3}$,则:

$$\sigma_2 = \frac{\sigma_1+\sigma_3}{2} - \frac{(1-2\mu_\tau)(\sigma_1-\sigma_3)}{2}$$

当 $\mu_\tau \leqslant \dfrac{1-\sin \varphi}{2}$ 时,则:

$$\sigma_1 = \frac{(1+\sin \varphi)(1+w-w\mu_\tau)}{(1+w)(1-\sin \varphi)-w\mu_\tau(1+\sin \varphi)}\sigma_3 + \frac{2(1+w)c \cdot \cos \varphi}{(1+w)(1-\sin \varphi)-w\mu_\tau(1+\sin \varphi)}$$

设 $\sigma_1=\dfrac{1+\sin \varphi_\omega}{1-\sin \varphi_\omega}\sigma_3+\dfrac{2c_\omega \cos \varphi_\omega}{1-\sin \varphi_\omega}$,则可计算出 $\sin \varphi_\omega$ 及 c_ω:

$$\begin{cases} \sin \varphi_\omega = \dfrac{(1+w)\sin \varphi}{1+w(1-\mu_\tau)-w\mu_\tau \sin \varphi} \\[3mm] c_\omega = \dfrac{2(1+w)c \cdot \cos \varphi \cot\left(45°+\dfrac{\varphi_\omega}{2}\right)}{1+w(1-\mu_\tau)-(1+w+w\mu_\tau)\sin \varphi} \end{cases} \quad (2\text{-}36)$$

当 $\mu_\tau \geqslant \dfrac{1-\sin \varphi}{2}$ 时,则:

$$\sigma_1=\frac{(1+\sin \varphi)(1+w)-w(1-\mu_\tau)(1-\sin \varphi)}{(1+w\mu_\tau)(1-\sin \varphi)}\sigma_3 + \frac{2(1+w)c \cdot \cos \varphi}{(1+w\mu_\tau)(1-\sin \varphi)}$$

同理可计算出 $\sin \varphi_\omega$ 及 c_ω:

$$\left.\begin{cases} \sin \varphi_\omega = \dfrac{(1+w)\sin \varphi}{1+w(1-\mu_\tau)\sin \varphi-w\mu_\tau} \\[3mm] c_\omega = \dfrac{(1+w)c \cdot \cos \varphi}{(1+w\mu_\tau)(1-\sin \varphi)\tan\left(45°+\dfrac{\varphi_\omega}{2}\right)} \end{cases}\right\} \quad (2\text{-}37)$$

分别将 φ_ω 及 c_ω 代入式(2-35)中,得出基于统一强度理论的改进太沙基公式,即:

$$q=\frac{1+2\tan^2 \varphi_\omega}{\tan \varphi_\omega}\left(\gamma a_1-c_\omega+\frac{2c_\omega \cdot \tan^2 \varphi_\omega}{1+2\tan^2 \varphi_\omega}\right) \quad (2\text{-}38)$$

为检验改进的太沙基公式,现将平煤六矿斜井断面特征及围岩情况介绍如下：斜井巷道断面尺寸为 3.77 m×5.07 m；围岩容重 $\gamma = 2\,500\ \text{kN/m}^3$；通过单轴抗压强度试验得斜井顶板粉砂岩 $\sigma_c = 53.18\ \text{MPa}$，$c = 0.1\ \text{MPa}$，$\varphi = 30°$；巷道埋深 292 m，属于深埋巷道。

现将不同的双剪应力状态参数 μ_τ 及统一强度理论参数 w 代入式（2-36）和式（2-37），分别求出 φ_w 及 c_w；再代入式（2-38），利用 Matlab 可求出巷道顶板松动压力，如图 2-13 所示。

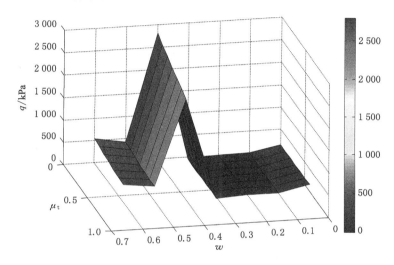

图 2-13　巷道顶板松动压力与两参数的关系

如图 2-13 可知，当 $w = 0.4$，$\mu_\tau = 0.1$ 时，斜井巷道顶板最大松动压力为 2.7 MPa，其最小压力值只有 0.3 MPa 左右，数据与工程实践较为相符。

相对于式（2-35），基于统一强度理论与极限平衡分析方法改进后的太沙基公式更加切合工程实际，解决了破碎围岩黏聚力过大不能计算的缺点。

2.6　破碎围岩巷道顶板压力数值模拟分析

平煤六矿新斜井开拓将穿越采空区，该采空区为该矿开采丁$_{5-6}$煤层将近 20 年后遗留的，且丁$_{5-6}$煤层下方还有戊$_{9-10}$煤层及戊$_8$煤层，该穿越段经过了多次采动影响，所以该穿越段围岩较为破碎。本章拟采用两种数值模拟软件对其斜井穿越采空区段应力进行分析，分别为 FLAC^{3D} 和 UDEC 软件。

2.6.1　FLAC^{3D} 模拟分析

依据平煤六矿地质资料及斜井、丁$_{5-6}$煤层及戊$_{9-10}$煤层的位置关系建立模型，

模型长 200 m、宽 50 m、高 120 m。斜井倾角取 17.5°,煤层倾角 9.5°,如图 2-14
所示。

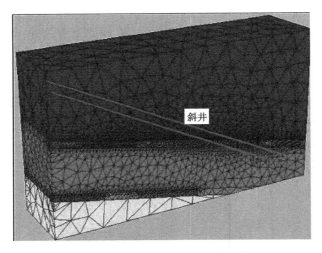

图 2-14　斜井与采空区位置模型

对丁$_{5-6}$煤层开采后其应力分布如图 2-15 和图 2-16 所示。由图 2-15 可知,
煤层开采后在采空区上方形成了一定的应力降低区,平均值为 2 MPa,垂直应力
沿着暗斜井倾斜向下逐渐降低。由图 2-16 可知,水平应力在顶板集中相对
较大。

图 2-15　丁$_{5-6}$煤层开采后垂直应力

戊$_{9-10}$煤层开采模型如图 2-17 所示。

由图 2-18 和图 2-19 可知,戊$_{9-10}$煤层开采后顶板应力分布对丁$_{5-6}$煤层底板
的影响微弱,最大值不足 1 MPa,且与丁$_{5-6}$煤层有一定的距离。

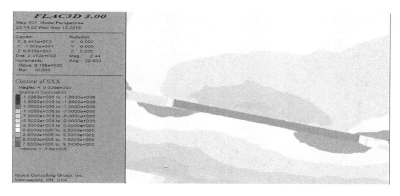

图 2-16　丁$_{5-6}$煤层开采后水平应力

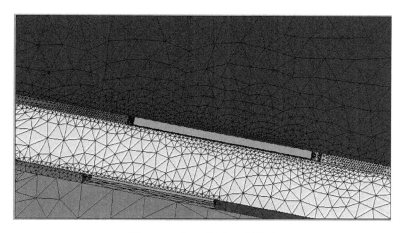

图 2-17　戊$_{9-10}$煤层开采模型

图 2-18　戊$_{9-10}$煤层开采垂直应力分布

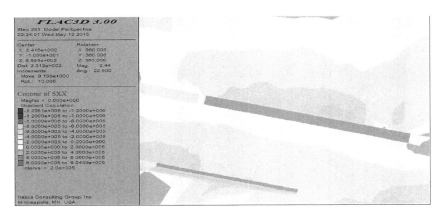

图 2-19　戊$_{9-10}$煤层开采水平应力分布

2.6.2　UDEC 模拟分析

采用 UDEC 建立 1 000 m×400 m 模型,在斜井穿越采空区处布置了 3 个监测点,如图 2-20 所示。

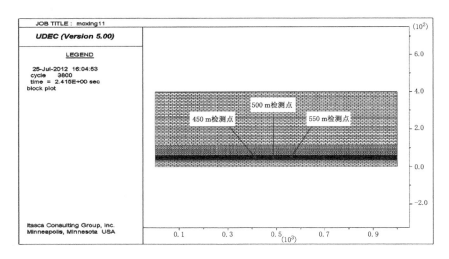

图 2-20　数值分析模型

由图 2-21 可知,采空区上方为应力释放区,最大应力为 5 MPa。如图 2-22 所示,3 个监测点的垂直应力平均值为 3 MPa 左右,与理论分析较为接近。

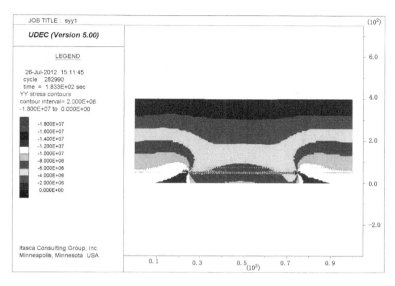

图 2-21　丁$_{5-6}$煤层开采后垂直应力

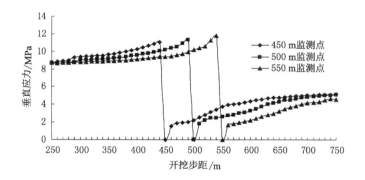

图 2-22　各监测点应力变化图

2.7　本章小结

　　本章围绕破碎围岩巷道稳定性,运用经典岩石力学理论、统一强度理论、土力学、普氏地压假说、太沙基地压理论等建立了破碎围岩巷道力学模型,系统分析了破碎围岩介质巷道周边应力分布规律,结合数值模拟软件分析了平煤六矿斜井过采空区时的围岩应力分布。本章节得到了以下结果:

（1）运用 Matlab 对侧压系数大于 1 的圆形巷道应力状态进行了计算分析，认为圆形巷道左右帮的切向应力值与侧压系数 λ 是成反比的，而顶、底板切向应力值与侧压系数 λ 成正比。当 $\theta=0°$、$180°$时，其切向应力值最小；当 $\theta=90°$、$270°$时，其切向应力的值最大。

（2）建立了破碎围岩力学模型，推导出破碎围岩的径向应力公式为：$\sigma_r=(P_0+c_0 \cdot \cot \varphi_0)\left(\dfrac{r}{a}\right)^{\frac{2\sin \varphi_0}{1-\sin \varphi_0}}-c_0 \cdot \cot \varphi_0$；推导出巷道围岩的切向应力公式为：

$$\sigma_{\theta 0}=\frac{1+\sin \varphi_0}{1-\sin \varphi_0}\left[(P_0+c_0 \cdot \cot \varphi_0)\left(\frac{r}{a}\right)^{\frac{2\sin \varphi_0}{1-\sin \varphi_0}}-c_0 \cdot \cot \varphi\right]+\frac{2c_0 \cdot \cos \varphi_0}{1-\sin \varphi_0}。$$

（3）通过公式计算，推导出由于破碎围岩的存在，破碎带外的完整围岩存在应力降，其深部完整围岩的径向应力增加值为：

$$\Delta\sigma_r = P_0 \left(\frac{b}{a}\right)^{\frac{2\sin \varphi_0}{1-\sin \varphi_0}}+c_0 \cdot \frac{b^2}{r^2} \cdot \cot \varphi_0\left[\left(\frac{b}{a}\right)^{\frac{2\sin \varphi_0}{1-\sin \varphi_0}}-1\right]$$

而深部完整围岩切向应力减少值为：

$$\Delta\sigma_\theta =- P_0 \left(\frac{b}{a}\right)^{\frac{2\sin \varphi_0}{1-\sin \varphi_0}}-c_0 \cdot \frac{b^2}{r^2} \cdot \cot \varphi_0\left[\left(\frac{b}{a}\right)^{\frac{2\sin \varphi_0}{1-\sin \varphi_0}}-1\right]$$

破碎围岩的存在使未破碎围岩增加了最小主应力，减少了最大主应力，如果能够将破碎围岩维护好，不致发生第二次扰动，则破碎带起到衬砌作用。

（4）基于改进的太沙基地压理论，运用统一强度理论，考虑中间应力 σ_2 的影响因素，并根据 Arnold Verruijt 岩体强度准则，利用极限平衡方法对侧压力系数 k 进行计算求解，得出了基于统一强度理论的改进太沙基公式为：

$$q = \frac{1+2\tan^2 \varphi_\omega}{\tan \varphi_\omega}\left(\gamma a_1-c_\omega+\frac{2c_\omega \cdot \tan^2 \varphi_\omega}{1+2\tan^2 \varphi_\omega}\right)$$

并依据公式计算出平煤六矿斜井巷道顶板最大松动压力为 2.7 MPa，其最小压力值只有 0.3 MPa 左右。

（5）运用数值模拟软件 FLAC[3D] 和 UDEC 对平煤六矿斜井在破碎围岩带的巷道围岩应力分布进行模拟。模拟结果表明，采空区上方形成了一定的应力降低区，且垂直应力平均值为 2 MPa 左右。

3　大断面斜井围岩单轴流变试验及流变模型研究

3.1　引言

因室内流变试验具有:能够长期观察、排除次要因素、严格控制试验条件、重复次数多等特点,为掌握平顶山大断面斜井围岩的流变力学性质,特采用室内流变试验进行研究分析。试验结果揭示了大断面斜井顶板粉砂岩在连续分级加载条件下的流变力学特性,为建立大断面斜井顶板粉砂岩流变本构模型和确定正确的支护方案奠定了基础。

室内流变试验的方法主要有以下几种:

(1) 常应力条件下的单轴蠕变试验;

(2) 常应力条件下的三轴蠕变试验;

(3) 常应变条件下的松弛试验。

由于松弛试验技术难度较大,所以室内流变试验以前两种方法最为常见。

本章以平煤六矿斜井穿越老采空区为工程背景,现场选取了顶板粉砂岩作为试验研究对象,通过岩石单轴蠕变试验,对其流变力学特性及其规律进行了研究,并在此基础上建立了粉砂岩的流变模型,为支护设计及评价围岩的长期稳定性提供了理论依据。

3.2　常规力学参数获取

3.2.1　试件获取

试样采集来自斜井顶板粉砂岩,本次试验试样加工机器主要为 DQ-2 自动岩石切片机、SMD-200 双端面磨石机和工程金刚石钻机。

根据岩石力学试验相关理论与方法,对岩样进行了标准试件制作,见表 3-1。所获部分试件如图 3-1 所示。

表 3-1   试样规格表

试验项目	规格/cm	试块数量
单轴抗压强度试验	$\phi5\times10$	≥4 件
抗拉强度试验	$\phi5\times10$	≥4 件

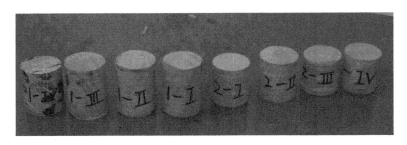

图 3-1   部分试件

3.2.2   抗拉强度试验

采用间接法-劈裂拉伸法在 RMT-150 微机控制电液伺服岩石力学试验机测量试件的单轴抗拉强度。

本试验采用载荷控制,并且选择 0.002 mm/s 的速率加载,试件破坏后按式(3-1)求出抗拉强度,即

$$\sigma_t = \frac{2P}{\pi DL} \tag{3-1}$$

式中 D——试件直径大小,mm;

P——载荷峰值,MPa;

L——试件高度,mm。

图 3-2 为拉伸试验方法;表 3-2 为岩石拉伸试验数据;试验过程见图 3-3;破坏试件见图 3-4。

表 3-2   岩石拉伸试验成果

试件类型	编号	抗拉强度 σ_t/MPa	平均抗拉强度 σ_t/MPa
顶板粉砂岩	2-1	5.082	4.67
	2-2	5.169	
	2-3	3.915	
	2-4	4.523	

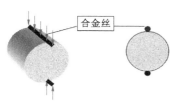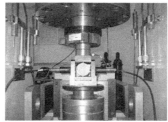

图 3-2 拉伸试验示意图

图 3-3 拉伸试验过程

图 3-4 拉伸破坏试件

3.2.3 单轴抗压试验

试验方法见图 3-5；试验数据和结果见单轴抗压强度试验成果表 3-3；试验曲线和试验过程部分代表照片如图 3-6 和图 3-7 所示。

图 3-5 单轴抗压实验示意图

表 3-3 单轴抗压强度试验结果表

试样类型	抗压强度 σ_c/MPa	泊松比	弹性模量 /10^4 MPa	平均抗压强度 σ_c/MPa	平均泊松比	平均弹性模量 /10^4 MPa
顶板粉砂岩	52.900	0.646	7.280	53.18	0.28	9.1
	53.120	0.550	8.265			
	52.212	0.846	9.954			
	54.490	0.522	10.975			

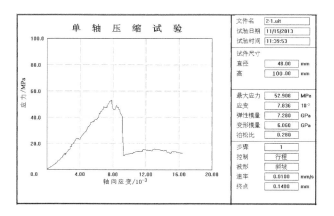

图 3-6 粉砂岩试件单轴抗压应力-应变曲线

图 3-7 破坏后的单轴抗压岩石试件图

3.3 单轴流变试验

3.3.1 试验方案

本次试验采用 RYL-600 型剪切流变试验机进行岩石单轴流变试验。目前，该仪器设备在国内属于较为先进的岩石力学试验系统，主要用于岩石的三轴流变、单轴流变、强度测试、剪切流变试验和松弛试验，如图 3-8 所示。该仪器测力分辨率为 20 N，测力有效范围为 40~600 kN，轴向极限试验力为 600 kN；传感器量程范围为 0~5 mm。

本次试验采用连续分级加载的方式，每级荷载加载时间为 5 h 左右，最大荷载为 43 MPa。当分级加载时间超过 5 h 且应变变化率小于 0.001 mm/h 时，则人工进入下一级载荷；当应变变化率大于 0.001 mm/h 时，此级加载将继续，持续到应变变化率小于 0.001 mm/h 才继续下一进程，如图 3-9 所示。为控制流变的温度效应，试验过程中严格控制室内温度，将室内温度控制在 25 ℃左右。

3.3.2 试验过程

由图 3-10 和图 3-11 可知，试件在前两个阶段，绝大部分蠕变数据在一根水平直线上下，蠕变速率较低，趋于零，试件的平均应变量保持在 0.011 和 0.022 5 左右，蠕变变形变化量不超过 0.000 3。如图 3-12 所示，加载到第三阶段，即荷载达到 38 MPa 时，蠕变变形量开始变大，由加载初期的 0.03 增加至 0.034，增幅为 0.004，变形速率较为稳定。加载到第四阶段，即施加荷载达到 43 MPa（试

图 3-8　RYL-600 型剪切流变试验机

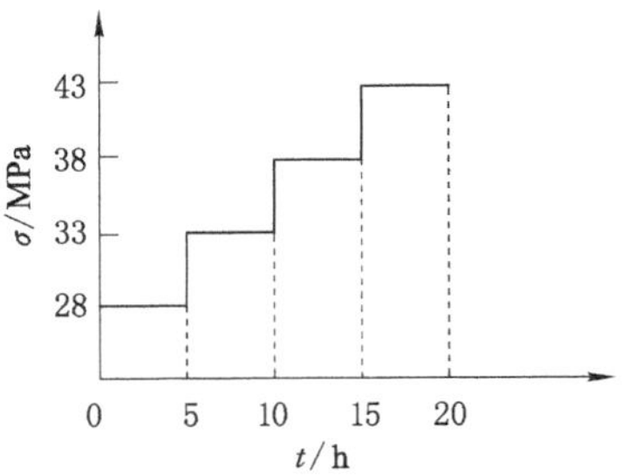

图 3-9　预期的加载方式

件单轴抗压强度的 81％)时,其蠕变速率还是较为稳定,说明试件的蠕变变形没有进入加速蠕变阶段,如图 3-13 所示。

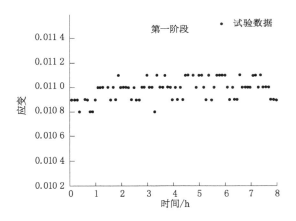

图 3-10　$\sigma=28$ MPa 时应变-时间曲线

其试验数据经 Origin 软件处理之后,粉砂岩岩样在不同应力加载下的应变-时间曲线如图 3-14 所示。试件破坏后的形态如图 3-15 所示。

从图 3-14 可知,在不同应力加载状态下,试件在变化加载应力的瞬间会发生瞬间变形,分析得出该模型存在独立的弹性元件。试件在不同应力加载下,每个阶段都是等速蠕变过程,但随着加载应力的增加,其蠕变速率随之增大,因此可证明流变模型存在黏性体。由图 3-10 至图 3-13 可知,粉砂岩蠕变的过程中存在衰减蠕变和等速蠕变,但加速蠕变过程没有出现,因此流变模型中无塑性

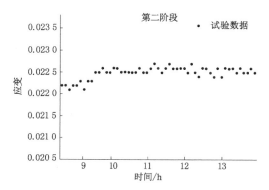

图 3-11 $\sigma = 33$ MPa 时应变-时间曲线

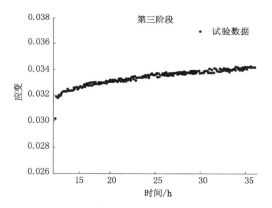

图 3-12 $\sigma = 38$ MPa 时应变-时间曲线

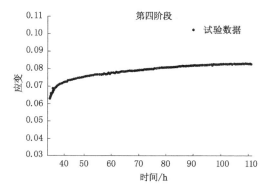

图 3-13 $\sigma = 43$ MPa 时应变-时间曲线

体。在应力加载阶段过程中,随着应力的增大,其轴向位移数据呈一条倾斜的直线分布,尤其是当应力加载到 43 MPa 时,这种现象更加明显。

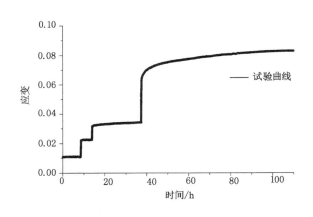

图 3-14　应变-时间曲线　　　　图 3-15　破坏试件实物图

3.4　流变本构模型分析

在流变学理论中,流变方程是用来表达岩石的应力、时间及应变在流变过程中三者关系的方程。只有将岩石的正确流变本构模型建立,才能较为充分和准确地描述其流变特性。在岩石流变试验的基础上,建立其流变方程的方法通常有两种方法,即经验方程法和流变模型理论法。

本书根据粉砂岩试件的流变曲线特征,采用伯格斯体模型对粉砂岩的流变曲线进行分析辨识,从而获得粉砂岩试件的蠕变参数。

3.4.1　伯格斯体模型的本构方程

开尔文(Kelvin)体是黏弹性体,由牛顿体和胡克体并联组成,即一个阻尼器和一个弹簧并联,其力学模型如图 3-16 所示。

马克斯威尔(Maxwell)体是弹黏性体,由阻尼器和一组弹簧串联组成,其力学模型如图 3-17 所示。

经典的伯格斯体模型是由一个开尔文体和一个马克斯威尔体串联而成,如图 3-18 所示。

对于开尔文体模型有:

$$\sigma = \eta_1 \dot{\varepsilon}_1 + k_1 \varepsilon_1$$

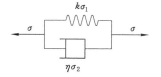

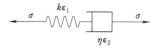

图 3-16　开尔文体力学模型　　　　　　　图 3-17　马克斯威尔体力学模型

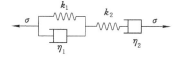

图 3-18　伯格斯体力学模型

对于马克斯威尔体模型有：

$$\dot{\varepsilon_2} = \frac{1}{k_2}\dot{\sigma_2} + \frac{1}{\eta_2}\sigma_2$$

由于伯格斯体模型是由开尔文体和马克斯威尔体串联而成，所以：

$$\varepsilon = \varepsilon_1 + \varepsilon_2 \quad \dot{\varepsilon} = \dot{\varepsilon_1} + \dot{\varepsilon_2}$$

$$\sigma = \sigma_1 = \sigma_2 = \eta_1\dot{\varepsilon_1} + k_1\varepsilon_1$$

因此，可推导出：

$$\sigma = \eta_1(\dot{\varepsilon} - \dot{\varepsilon_2}) + k_1(\varepsilon - \varepsilon_2)$$

再将 $\dot{\varepsilon_2} = \dfrac{1}{k_2}\dot{\sigma_2} + \dfrac{1}{\eta_2}\sigma_2$ 代入，可得：

$$\sigma = \eta_1\dot{\varepsilon} - \eta_1\left(\frac{1}{k_2}\dot{\sigma_2} + \frac{1}{\eta_2}\sigma_2\right) + k_1(\varepsilon - \varepsilon_2)$$

上式两边各微分一次，并将 $\dot{\varepsilon_2}$ 再次代入，则伯格斯体的本构方程为：

$$\ddot{\sigma} + \left(\frac{k_2}{\eta_1} + \frac{k_2}{\eta_2} + \frac{k_1}{\eta_1}\right)\dot{\sigma} + \frac{k_1 k_2}{\eta_1 \eta_2}\sigma = k_2\ddot{\varepsilon} + \frac{k_1 k_2}{\eta_1}\dot{\varepsilon} \qquad (3\text{-}2)$$

利用同一瞬时叠加原理，可把（Kelvin）和（Maxwell）的蠕变方程相叠加成为
伯格斯体的蠕变方程。

开尔文体的蠕变方程为：

$$\varepsilon_1 = \frac{\sigma_0}{k_1}(1 - e^{-\frac{k_1}{\eta_1}t})$$

而马克斯威尔体的蠕变方程为：

$$\varepsilon_2 = \frac{\sigma_0}{k_2} + \frac{\sigma_0}{\eta_2}t$$

对伯格斯体模型有：$\varepsilon = \varepsilon_1 + \varepsilon_2$，所以可推导出伯格斯体模型的蠕变方程：

$$\varepsilon = \frac{\sigma_0}{k_2} + \frac{\sigma_0}{\eta_2}t + \frac{\sigma_0}{k_1}(1 - e^{-\frac{k_1}{\eta_1}t}) \tag{3-3}$$

3.4.2 伯格斯体模型特性分析

由式(3-3)可知,当 $t=0$ 时, $\varepsilon = \frac{\sigma_0}{k_2}$。由此可证明,伯格斯体模型里存在瞬时的弹性变形阶段。另外,由伯格斯体力学模型(图 3-18)可知,此时只有弹簧元件 2 发生变形,其他元件未发生变形,应变随着时间 t 的增大也随之逐渐增大,模型体内的黏性元件则等速流动。

荷载在 $t=t_1$ 时突然卸载,由图 3-19 可知,该时段伯格斯体存在一瞬时回弹,其回弹变形量为 σ_0/k_2,即为弹簧元件 2 在瞬时的弹性变形阶段的应变变化量。随后随着时间的增长,其变形开始恢复,直到弹簧 1 变形值恢复到 $\frac{\sigma_0}{k_1}(1-e^{-\frac{k_1}{\eta_1}t})$,如果 t_1 趋向无穷大时,其恢复值可达到 $\frac{\sigma_0}{k_1}$,我们将这一阶段称为弹性后效,将最下端的 $\frac{\sigma_0}{\eta_2}t$ 称为残余变形值。所以,伯格斯体具有减速蠕变、瞬时弹性变形、等速蠕变的性质。

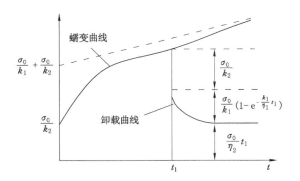

图 3-19　伯格斯体模型蠕变和卸载曲线

3.4.3 伯格斯体模型参数的确定

为确定伯格斯体模型参数,先设伯格斯体拟合方程为:

$$\varepsilon = a + bt + c(1 - e^{-dt}) \tag{3-4}$$

式中　ε——应变;

　　t——时间;

　　a,b,c,d——拟合参数。

因 Matlab 软件对曲线进行拟合时十分方便,故采用 Matlab 对图 3-14 中的

4 个应力水平下的数据进行拟合,4 个应力拟合曲线如图 3-20 至图 3-23 所示;其拟合参数见表 3-4。

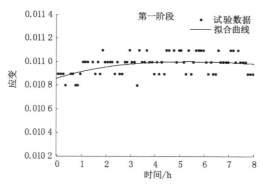

图 3-20 $\sigma=28$ MPa 的试验数据及其拟合曲线

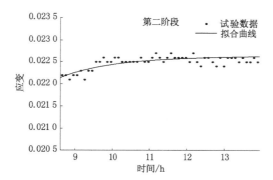

图 3-21 $\sigma=33$ MPa 的试验数据及其拟合曲线

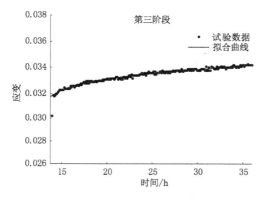

图 3-22 $\sigma=38$ MPa 的试验数据及其拟合曲线

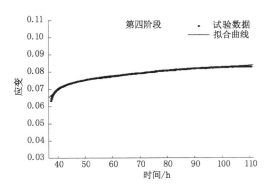

图 3-23 $\sigma=43$ MPa 的试验数据及其拟合曲线

表 3-4   4 个应力水平下拟合参数值

阶段	σ/MPa	a	$b/10^{-5}\mathrm{h}^{-1}$	c	d/h^{-1}
第一阶段	28	0.010 8	14.190 0	0.000 4	0.240 9
第二阶段	33	2.224 0	0.870 5	0.215 5	0.717 8
第三阶段	38	0.173 4	6.117 0	0.307 2	0.407 4
第四阶段	43	1.465 0	10.820 0	2.028 0	0.143 3

通过图 3-20 至图 3-23 得出的拟合曲线能够较好地反映试验数据。

根据式(3-3)和式(3-4)可得：

$$a = \frac{\sigma_0}{k_2}, b = \frac{\sigma_0}{\eta_2}, c = \frac{\sigma_0}{k_1}, d = \frac{k_1}{\eta_1} \tag{3-5}$$

根据式(3-5)和表 3-4 可求得伯格斯体模型的 4 个参数 η_1、k_1、η_2、k_2 的值，见表 3-5。

表 3-5   应力水平下 η_1、k_1、η_2、k_2 的值

阶段	σ/MPa	k_2/MPa	$\eta_2/(10^5\ \mathrm{MPa}\cdot\mathrm{h})$	k_1/MPa	$\eta_1/(\mathrm{MPa}\cdot\mathrm{h})$
第一阶段	28	2 592.59	1.973	70 000	290 577
第二阶段	33	14.84	37.909	153.13	213.332
第三阶段	38	219.15	6.212	123.698	303.628
第四阶段	43	29.35	3.974	21.203	147.962

由图 3-23 及表 3-5 结果可知，当应力加载到 43 MPa 时，即在第四阶段时，曲线和试验数据拟合的精度较高；而在第一阶段和第二阶段，试验参数在曲线上

下波动较大。

3.4.4 伯格斯体模型黏弹性分析

上节已推导出伯格斯体模型的蠕变方程：

$$\varepsilon = \frac{\sigma_0}{k_2} + \frac{\sigma_0}{\eta_2}t + \frac{\sigma_0}{k_1}(1 - e^{-\frac{k_1}{\eta_1}t}) \tag{3-6}$$

对原来的一维形式做如下变换：

$$\sigma_0 = s_{ij}; \varepsilon = e_{ij}; k = 2G; \eta = 2\varphi$$

则三维应力条件下的蠕变方程为：

$$e_{ij} = \frac{\dot{s}_{ij}}{2G_2} + \frac{s_{ij}}{2\varphi}t + \frac{s_{ij}}{2G_1}(1 - e^{-\frac{2G_1}{2\varphi}t}) \tag{3-7}$$

当巷道支护力 $P_\text{支}$ 为恒力时，其巷道径向变形的三维蠕变方程为：

$$\varepsilon_\theta = \left[\frac{R^2}{r^2}(P_0 - P_\text{支})\right]\left[\frac{1}{2G_2} + \frac{1}{2\varphi}t + \frac{1}{2G_1}(1 - e^{-\frac{2G_1}{2\varphi}t})\right] \tag{3-8}$$

式中　R——巷道半径；

r——巷道周边岩层任意一点到巷道中心的距离。

而巷道围岩的径向位移为：

$$U_r = r\varepsilon_\theta$$

因此：

$$U_r = \left[\frac{R^2}{r}(P_0 - P_\text{支})\right]\left[\frac{1}{2G_2} + \frac{1}{2\varphi}t + \frac{1}{2G_1}(1 - e^{-\frac{G_1}{\varphi}t})\right] \tag{3-9}$$

对式(3-9)中的 t 求导，可求得巷道径向流变速率：

$$v_r = \frac{R^2}{r}(P_0 - P_\text{支})\frac{1}{2\varphi} \cdot (1 + e^{-\frac{G_1}{\varphi}t}) \tag{3-10}$$

由式(3-10)可知，当 $t=0$ 时，巷道径向流变速率达到最大值 $v_r = \frac{R^2}{r}(P_0 - P_\text{支})\frac{1}{\varphi}$。

当 $r=R$ 时，巷道围岩的径向位移为：

$$U_R = \left[R(P_0 - P_\text{支})\right]\left[\frac{1}{2G_2} + \frac{1}{2\varphi}t + \frac{1}{2G_1}(1 - e^{-\frac{G_1}{\varphi}t})\right] \tag{3-11}$$

3.5　本章小结

(1) 通过单轴抗压强度及剪切试验，得到平煤六矿斜井顶板粉砂岩的基本力学特性。

（2）通过流变试验得到了 4 个不同应力下平煤六矿斜井顶板粉砂岩的应变-时间曲线。当加载应力为 28 MPa 和 33 MPa 时，其试验数据在曲线上下波动较大；当加载应力为 38 MPa 和 43 MPa 时，曲线则比较光滑。从其应变-时间曲线的变化趋势分析得，平煤六矿斜井顶板粉砂岩的流变性质为：弹性之后变成黏性，最终变为弹黏性。其流变性质刚好与伯格斯体模型的蠕变性质相吻合。

（3）通过使用 Matlab 对试验数据进行拟合，计算得出平煤六矿斜井顶板粉砂岩在 4 个不同应力水平下伯格斯拟合方程中的参数，并计算出伯格斯体模型中的 4 个元件的参数，最终推导出粉砂岩的伯格斯体模型。

4 斜井穿越采空区相似模拟试验及 "三带"高度确定

通常来说,研究矿山压力的方法有实际测定、理论分析和模拟试验3种。理论分析主要采用力学模型通过数学推导求出参数常量方程式,然后利用特设的边界条件,计算出特解。但是,矿山压力受影响因素较多,且物理过程较为复杂,理论分析无法对矿压问题进行精确计算。第二种方法现场实测所耗时间周期过长,需准备大量的物力、人力,且现场测试受限于现场条件严重,其局限性较大。因此,研究采动后掘进工作面围岩的破裂、移动和垮落规律以及巷道周边岩层的位移变化、应力分布的物性特征,相似材料模拟试验依然是行之有效的研究手段。

4.1 相似材料模拟试验理论依据

相似理论是相似材料模拟试验的核心,它可以将试验法和数学解析法的优点结合起来,是解决工程问题的有效方法。

1)相似三定理

(1)相似第一定理。对模型和原型这两个系统的现象进行考察,如果两系统在对应的点上能够全部符合以下两个条件,则将这两现象称为相似现象。

条件一:模型与原型两系统所对应的物理量之比必须是常数,该常数就是相似常数。在矿山压力的应用方面,两系统存在以下相似:动力相似、运动相似和几何相似。

条件二:如果模型和原型之间满足相似现象,其相似现象就可以用同一个基本方程式来描述,即原型与模型所对应的物理量存在某一特定的比例关系。

(2)相似第二定理。相似第二定理也称为"π定理"。该定理规定可以用符合相似准则的函数关系来描述相似现象的各种物理参数之间的关系,并且符合相似准则的各函数关系式是相同的。

由于相似准则是无因次的,所以可以用相似准则方程,即式(4-1)来替代相似现象的物理方程:

$$F(\pi_1, \pi_2, \cdots, \pi_{n-k}) = 0 \tag{4-1}$$

（3）相似第三定理。相似第三定理认为，如果能用相同的关系式描述模型和原型的现象，并且单值量相似、相似准则相等，则认定模型和原型的现象相似。在工程实践中，由于要将模型和原型两系统完全符合相似第三定理是几乎不可能实现的，故引入"近似模化"的概念，即忽略次要影响因素、合理选取其主要因素进行模拟。

2）相似条件

相似材料模拟试验理论规定原型和模型相似条件必须满足以下几个方面：

（1）几何条件。规定模拟模型的几何尺寸和原型的几何形状须成一定的比例关系。因此，可以按一定比例放大或缩小原型的几何尺寸，制做成模拟模型。几何相似条件公式为：

$$\alpha_L = \frac{L_y}{L_m} = 常数 \tag{4-2}$$

式中　α_L——几何相似常数；

　　　L_m——模型几何尺寸参数；

　　　L_y——原型几何尺寸参数。

理论上来说，实验模型越大，就越能反映原型的实际情况。但是，由于受现实条件的限制影响，通常采场模拟时取 $\alpha_L = 50 \sim 200$，巷道模拟时取 $\alpha_L = 20 \sim 50$。

（2）运动学相似。要求模型与原型两系统各对应点的运动状况相似，即各对应点运动状况所包含的加速度、速度、运动时间等成一定比例，其中加速度、速度的方向是一致的，则运动学相似方程为：

$$\alpha_t = \frac{t_y}{t_m} \sqrt{\alpha_L} = 常数 \tag{4-3}$$

式中　t_y——原型中完成运动轨迹所需时间；

　　　t_m——模型中完成运动轨迹所需时间。

（3）动力学相似。要求模型与原型两系统的作用力相似，有以下几个重要相似常数：

容重相似常数 $\alpha_\gamma = \dfrac{\gamma_y}{\gamma_m}$；重力相似常数 $\alpha_P = \dfrac{P_y}{P_m} = \alpha_r \alpha \gamma_L^3$。

应变、位移、应力等其他比尺同理可推出，即：

$$\begin{cases} \sigma_c = \dfrac{\sigma_y}{\sigma_m} = \dfrac{c_y}{c_m} = \dfrac{E_y}{E_m} = \dfrac{\gamma_y}{\gamma_m} \cdot \alpha_L \\ \varphi_y = \varphi_m \\ \mu_y = \mu_m \end{cases} \tag{4-4}$$

（4）初始状态相似。模型模拟的岩体结构特征、结构面分布特征及结构面力学特性应与原型相似。

（5）边界条件相似。模型的边界条件与原型相似。

4.2 相似材料模拟试验方案设计

4.2.1 试验方案设计

1）试验内容

在符合相似理论的条件下，模拟丁$_{5-6}$煤层开挖后煤层顶、底板岩层移动规律；研究随工作面向前掘进时保护煤柱上覆岩层的应力变化规律；研究随采空区压实后煤层底板应力变化规律；观测煤层开挖后岩层垮落带的具体影响范围。

2）模型设计

试验平台采用 2 500 mm×200 mm×3 000 mm（长×宽×高）的模型支架，如图 4-1 所示。试验模拟煤层埋藏深度约 292 m，实际垂直压力为 7.3 MPa，煤层上方岩层模拟 48 m，煤层顶板其余荷载通过液压缸对模型边界进行加载。

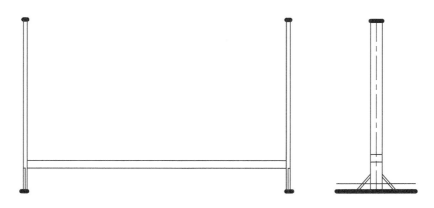

图 4-1 相似模拟试验平台

4.2.2 试验方案实现

1）试验原始参数

原始参数来自平煤集团六矿丁$_{5-6}$煤层综合柱状图、现场采集的岩样岩石力学实验数据、地质钻孔等原始资料。相似模拟的采煤工作面沿倾斜布置，煤层倾角 17°。试验所用的主要原始参数特征详见表 4-1。

表 4-1 平煤六矿丁$_{5-6}$煤层及顶、底板岩层参数表

岩(煤)层名称	容重 /(N·cm^{-3})	单轴抗压强度/MPa	单轴抗拉强度/MPa	黏聚力 /MPa	内摩擦角 /(°)	弹性模量 /GPa	泊松比
细砂岩	2.64	40	1.80	4.25	35	30.25	0.21
粉砂岩	2.64	53.18	4.67	4.25	30	9.10	0.28
中细粒砂岩	2.64	40	1.80	4.25	37	11.65	0.21
中砂岩/粉砂岩	2.64	53.18	4.67	4.25	30	9.10	0.28
泥岩	2.45	25	1.40	2.50	30	4.38	0.15
丁$_{5-6}$煤层	1.60	12	1.43	1.50	18	0.45	0.42
泥岩	2.45	25	1.40	2.5	30	4.38	0.15
中粒石英砂岩	2.64	40	1.80	4.25	37	11.65	0.21
泥质粉砂岩	2.50	22	1.80	4.25	31	11.65	0.21

2）确定模型系统相似系数

① 几何相似系数：

$$\alpha_L = \frac{L_y}{L_m} = 100$$

② 容重相似系数：

$$\alpha_\gamma = \frac{\gamma_y}{\gamma_m} = 1.6$$

③ 时间相似系数：

$$\alpha_t = \frac{t_y}{t_m} \sqrt{\alpha_L} = 10$$

④ 强度相似系数：

$$c_\sigma = \frac{\sigma_y}{\sigma_m} = \frac{c_y}{c_m} = \frac{E_y}{E_m} = \frac{\gamma_y}{\gamma_m} \cdot \alpha_L = 160$$

3）相似材料配比参数与加载

相似材料采用胶结材料（石灰、石膏、石蜡）、骨料（沙子）、水按特定比例配制而成，煤、各个岩层之间用云母粉作为分层材料，根据相似理论及上述计算的相似常数，对相似材料进行了配比，相似材料配比见表 4-2。

模型顶端需加载应力 q_m 为：

$$q_{\mathrm{m}} = \frac{q_y}{C_\sigma} = \frac{2.5 \times 10^4 \times (292 - 48)}{160} \mathrm{Pa} = 3.81 \times 10^4 \mathrm{Pa}$$

则需在顶端边界处施加外力大小为：

$$P = q_{\mathrm{m}} \cdot S = 3.81 \times 10^4 \times 2.5 \times 0.2 \mathrm{N} = 1.9 \times 10^4 \mathrm{N}$$

表 4-2　相似材料配比

序号	岩层性质	岩层厚度 /m	模拟层厚 /cm	总体厚度 /cm	配比号（河沙、石膏、大白粉）	层数
0	砂层	5	5	5		
1	细砂岩	11.1	11	16	837　8.53　0.32　0.75	5
2	粉砂岩	14.0	14	30	928　8.64　0.2　0.77	7
3	粉砂岩/细砂岩	0.58	1	26	828　8.53　0.21　0.85	1
4	中砂岩/粉砂岩	8.8	9	39	937　8.64　0.27　0.63	4
5	中细粒砂岩	1.76	2	41	837　8.53　0.32　0.75	1
6	中砂岩/粉砂岩	5	5	46	746　8.4　0.48　0.72	2
7	泥质粉砂岩	2	2	48	837　8.5　0.16　0.6	1
8	丁$_{5-6}$煤层	1.9	2	50	0.1(河沙)0.3(石膏)2(煤灰)	1
9	泥质粉砂岩	2	2	52	837　8.53　0.16　0.6	2
10	中粒石英砂岩	3	3	55	846　8.53　0.43　0.64	3
11	泥质粉砂岩	2.44	2	57	828　8.53　0.21　0.85	1
12	粉砂岩/细砂岩	10.68	11	68	737　8.4　0.36　0.84	11
13	粉砂岩	3.12	3	71	746　8.4　0.48　0.72	3
14	细砂岩/粉砂岩	10	10	81	846　8.53　0.43　0.64	10
15	中砂岩	2.6	3	84	737　8.4　0.36　0.84	2
16	细砂岩/粉砂岩	6.14	6	90	746　8.4　0.48　0.72	5

4）采集数据仪器

采集压力传感器为 GGC-16 型传感器（图 4-2），精度为 0.05%，质量为 300 kg。YJD-27 电阻应变仪作为数据显示仪，如图 4-3 所示。

5）开挖设计

平煤六矿开采丁$_{5-6}$煤层采用倾斜长壁采煤法，区段留设 10 m 煤柱。为模拟

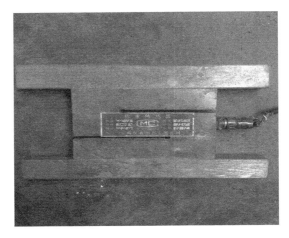

图 4-2　称重传感器

图 4-3　YJD-27 电阻应变仪

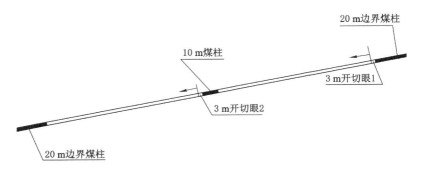

图 4-4　开挖示意图

丁$_{5-6}$煤层开挖时完整的覆岩移动规律,特设计分 4 步开挖(图 4-4):

第一步:为消除边界效应,留设 20 m 边界煤柱,布置 3 m 开切眼;

第二步:由开切眼 1 倾斜向下开采,开挖步距设计为 5 m;

第三步:煤层倾斜中央留设 10 m 煤柱,布置 3 m 开切眼;

第四步:继续从开切眼 2 倾斜向下开采,开挖步距与第二步相同,开采 20 m 边界煤柱处停采。

6) 监测点布置

为研究开采丁$_{5-6}$煤层后的上覆岩层"三带"具体位置、上覆岩层的移动规律以及煤层顶、底板压力情况,在煤层顶、底板位置布置压力传感器测量压力变化的情况下(图 4-5),我们在上覆岩层关键部位布置了位移观测点(图 4-6),利用 SOKKIA set2 全站仪观测岩层移动。

图 4-5 埋设压力传感器

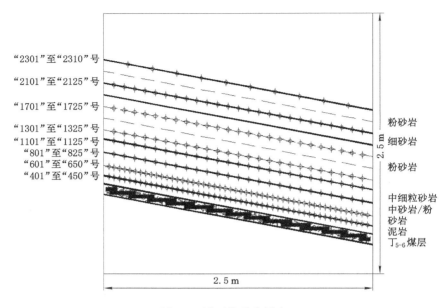

"2301"至"2310"号
"2101"至"2125"号
"1701"至"1725"号
"1301"至"1325"号
"1101"至"1125"号
"801"至"825"号
"601"至"650"号
"401"至"450"号

粉砂岩
细砂岩
粉砂岩
中细粒砂岩
中砂岩/粉砂岩
泥岩
丁₅-₆煤层

2.5 m

2.5 m

图 4-6   设置位移监测点

4.3   相似材料模拟试验结果及分析

4.3.1   覆岩变形与破坏规律

边界预留 20 m 煤柱,在煤柱两侧开挖 3 m 的开切眼。开挖步距设置为 5 m,当开挖到 15 m 时,煤层直接顶初次垮落,基本顶以板状结构呈悬露状态,如图 4-7 所示。

随着煤层向前开采至 45 m,此时基本顶开始出现离层,两端铰接,但尚未完全垮落(图 4-8)。当煤层向前开采至 55 m 时,基本顶初次垮落(图 4-9),其厚度为 7.5 m,前方基本顶垮落角为 50°,后方基本顶垮落角为 58°,没有出现台阶下沉和顶板切落现象。此时,即为工作面初次来压。

当工作面推进至 65 m 时,顶板出现周期性来压,采空区上方垮落带高度增加 1 m,即采空区上方岩层垮落总高度达 8.5 m,位于开切眼侧的垮落角为 63°,位于煤壁侧的垮落角为 54°。工作面推进到 75 m 时,上覆岩层出现两处较大离层,第一层距开切眼 13 m,高度距煤层底板 10 m,第二层距开切眼 26 m,高度距煤层底板 15 m。

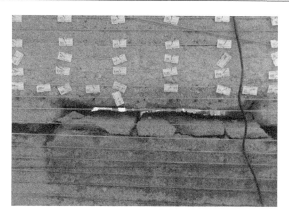

图 4-7 直接顶垮落

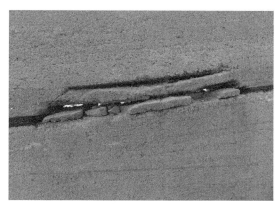

图 4-8 基本顶离层

图 4-9 基本顶初次垮落

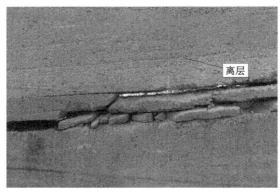

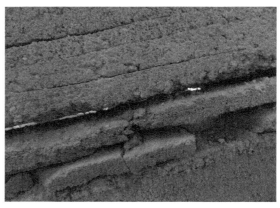

图 4-10　上覆岩层离层

　　工作面推进到距中央保护煤柱 85 m 时,煤层顶板的第三次周期性垮落出现,采空区空间变大,顶板离层继续发展,其最高离层处距煤层底板达 18 m,此时岩层破断角为 54°,垮落带内岩层有小结构形成。之后,工作面每次向前推进 10 m,煤层顶板随之垮落一次。在煤层开采完之后,其"三带"分布如图 4-11 所示。

　　为研究斜井与丁$_{5-6}$煤层开采产生的垮落带和裂隙带的相对位置,特在垮落带和裂隙带内设置了若干监测点,如图 4-6 所示。

　　如图 4-12 所示,垮落带内的岩层最大位移量可达 1.7 cm 时,裂隙带上部区域内的岩层最大位移量可达 0.5 cm。

　　在进行此次模拟试验时,分别在垮落带、裂隙带的斜井顶、底板及斜井内设置了 6 个位移观测点,如图 4-13 所示。相比较可知,垮落带斜井所在的周边围岩位移量较大,特别是斜井底板位置,其最大位移量达到 1.7 cm,在该区域的斜井支护侧重点应为底鼓治理。

图 4-11　回采完毕顶板充分垮落

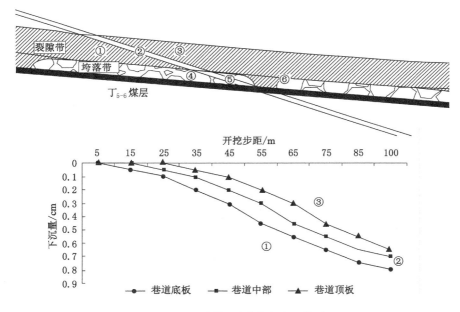

图 4-12　垮落带、裂隙带内岩层位移

4.3.2　围岩应力分析

为分析斜井穿越丁$_{5-6}$煤层采动影响区域时的围岩应力,特别在煤层底板、斜井顶板设置了 10 组压力传感器。由于 10 m 宽的中央保护煤柱上方应力集

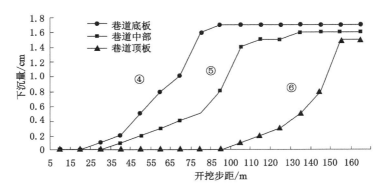

图 4-13　斜井周边岩层位移量

中,8#压力传感器测得的最大压力值为 11.9 MPa,应力集中系数接近 1.7,如图 4-14 所示。因此,斜井穿越保护煤柱时应提高支护阻力。

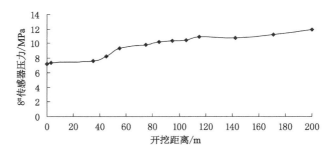

图 4-14　保护煤柱区域支承压力变化

　　5#压力传感器所测数据如图 4-15 所示。随着采煤工作面的推进,5#压力传感器的压力值不断减小,这是由于 5#传感器上方采空区属于应力卸载区域。随着工作面的不断推进,5#传感器上方采空区应力不断减小,当工作面推进至105 m 时,其最低应力为 2.8 MPa。之后,随着采空区的不断压实,其应力缓慢向原岩应力值趋近,即在 7.2 MPa 附近波动。

　　在斜井顶板以及丁$_{5-6}$煤层开采后上覆岩层的裂隙带内,10#压力传感器的压力值如图 4-16 所示。从图 4-16 中可看出,丁$_{5-6}$煤层开采后位于基本顶的裂隙带内岩层压力波动不是很大,其最小压力出现在工作面推进到 55 m 时,其压力值为 4.8 MPa。

4.3.3　斜井与采空区相对位置确定

　　丁$_{5-6}$煤层开采完毕之后,上覆岩层分为垮落带、裂隙带、弯曲下沉带,煤层上

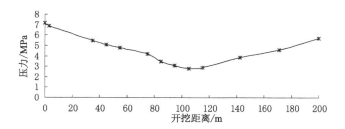

图 4-15 5# 压力传感器压力值变化曲线

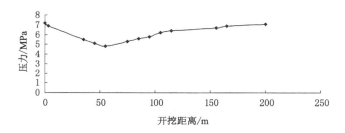

图 4-16 10# 压力传感器压力值变化曲线

覆岩层于斜井相对位置如图 4-17 所示。经过测量,垮落带高度为 4.5 m,斜长为 42.7 m;裂隙带高度为 19 m,斜长为 56.3 m,如图 4-18 所示。

图 4-17 煤层上覆岩层与斜井相对位置图

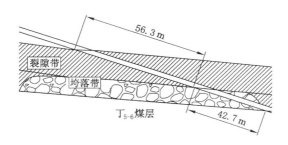

图 4-18 斜井穿越"三带"位置

4.4 不同带区高度及其对应的明斜井长度现场确定

为验证相似模拟试验结果,项目组利用顶板窥视仪现场观测上覆岩层中垮落带及裂隙带的高度。

据井下观察,明斜井于 2012 年 12 月 12 日 1 137 m 底板处开始见煤,这与底板钻孔探煤所推导的煤层位置相吻合。但是,从位置及煤的特征判断,此处并不是区段煤柱,而是未开采的底煤,如图 4-19 所示。

图 4-19 左帮底板见煤

2013 年 1 月 15 日,丁$_{5-6}$煤层回采后留下的碎煤在明斜井 1 193 m 顶板处消失,说明此时明斜井已穿过采空区。据井下观察,与其他地段相比,1 175～1 185 m 顶板处的压力较大,因为此处为丁$_{5-6}$煤层的区段保护煤柱尚有一定的应力集中现象。但整体来看,无论是煤柱还是顶板岩层,基本都遭到集中应力的破坏,如图 4-20 和图 4-21 所示。

图 4-20　保护煤柱处顶板破碎

图 4-21　保护煤柱区巷道支护效果

4.4.1　垮落带高度的确定

为确定丁$_{5-6}$煤层上覆岩层垮落带的准确高度,在斜井斜长 1 090 m 底板处钻孔,这样垂直底板 2 m 处便开始出现破碎岩体,如图 4-22 所示。据此可以证明,在距离斜井斜长 1 090 m、垂直底板 2 m 处,煤层开始进入垮落带。

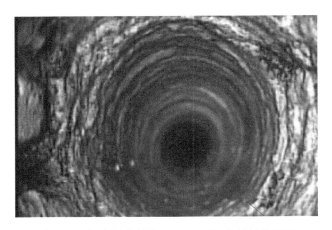

图 4-22　新建斜井斜长 1 090 m 顶、底板处窥视图

在斜井斜长 1 107 m 处,斜井端头的围岩状况开始转成破碎围岩,如图 4-23 所示。据此可以证明,斜井端头在 1 107 m 处开始进入垮落带。

图 4-23　斜长 1 107 m 处明斜井工作面

图 4-24 为在斜井斜长 1 158 m 处顶板围岩窥视图。研究发现,在顶板 4 m 以内的岩石都较易破碎,据此推断该区域为垮落带影响区域。

项目组探测出丁$_{5-6}$煤层距离斜井 1 050 m 处底板长 10.5 m;且煤层与斜井在斜井斜长 1 137 m 处相交,如图 4-25 所示。经推算,在斜井斜长 1 090 m 处,斜井底板与丁$_{5-6}$煤层的距离为$\overline{cd}=\dfrac{\overline{ec}\cdot\overline{ab}}{\overline{ae}}=\dfrac{47\times10.5}{87}$ m$=5.67$ m;已知斜井倾角为 $18°$,丁$_{5-6}$煤层倾角为 $11°$,已知$\overline{cg}=2$ m。根据正弦定理可得:

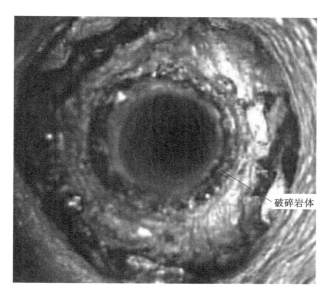

图 4-24 新建斜井斜长 1 190 m 顶板处的围岩窥视图

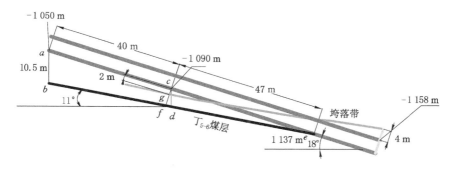

图 4-25 垮落带高度图

$$\frac{\overline{cf}}{\sin 79°} = \frac{\overline{cd}}{\sin 83°}$$

即有 $\overline{cf} = \dfrac{5.67 \times \sin 79°}{\sin 83°}$ m $= 5.61$ m。

故 $H_{\text{垮}} = \overline{cf} - \overline{cg} = (5.61 - 2)$ m $= 3.61$ m。与相似材料模拟所测得的垮落带高度相比差 0.89 m。

4.4.2 裂隙带高度的确定

在斜井斜长 975 m 处，巷道顶板被打了 8 m 长的钻孔，从岩层窥视仪观测结果可知,在距离顶板 6 m 处较大裂隙开始出现,如图 4-26 所示。

再利用顶板窥视仪在斜井斜长 1 100 m 处,对巷道顶板 15 m 深的钻孔进行观测,发现顶板围岩 7 m 范围内的裂隙较多,7.8 m 范围外岩体无明显裂隙,如图 2-27 所示。据此可证明,采空区上方裂隙带区域应在斜井顶板 8 m 范围内。

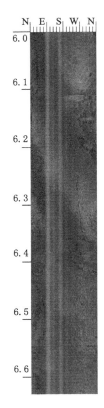

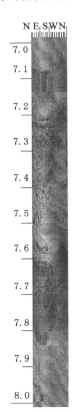

图 4-26 975 m 处明斜井顶板裂隙   图 4-27 1 100 m 处明斜井顶板裂隙

因此,在斜井斜长 975 m 处,巷道底板与丁$_{5\text{-}6}$煤层的距离为 $\overline{ab}=\dfrac{\overline{ed}\cdot\overline{af}}{\overline{df}}=$

$\dfrac{162\times 26}{187}$ m＝22.5 m,已知 $\overline{ac}=6$ m。因此:

$$\frac{\overline{ag}}{\sin 79^\circ}=\frac{\overline{ab}}{\sin 83^\circ}$$

$$\overline{ag}=\frac{22.5\times\sin 79^\circ}{\sin 83^\circ}\ \text{m}=22.25\ \text{m}$$

所以,其裂隙高度 $H_{裂隙}=\overline{ag}-\overline{ac}=(22.25-6)$ m＝16.25 m。如图 4-28 所

示,与相似材料模拟所测得的裂隙带高度相差 2.75 m。

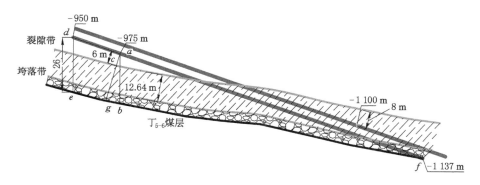

图 4-28 裂隙带高度图

从计算结果来看,无论裂隙带还是垮落带的高度均比相似材料模拟试验结果值小,这说明开采煤层的顶板已经充分垮落,且顶板岩层松散系数大,经过近20年的重新压实,丁$_{5-6}$煤层采空区影响区域变小。

通过采用顶、底板岩层窥视仪对"三带"的观测,推测出裂隙带、垮落带与明斜井的位置关系,如图 4-29 所示。丁$_{5-6}$煤层开采产生的垮落带及裂隙带对新建斜井的影响区域为 161 m 长。

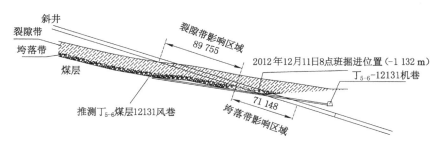

图 4-29 "三带"位置图

4.5 本章小结

本章内容主要为相似材料模拟试验,旨在模拟分析煤层开挖后的覆岩破坏规律及应力分布规律,再通过现场测试手段探测出煤层开挖后上覆岩层垮落带和裂隙带的范围,为后章节的支护设计提供依据。本章主要得出以下结论:

（1）相似材料模拟试验中,测量出平煤六矿新建斜井穿越采空区的垮落带高度为 4.5 m,垮落带影响斜井斜长为 42.7 m 范围;裂隙带高度为 19 m,影响斜井斜长为 56.3 m。

（2）相似材料模拟试验中,通过压力传感器测出在保护煤柱处的最大垂直压力值为 11.9 MPa,应力集中系数接近 1.7;工作面推进 105 m 后,最低垂直应力出现,其最低应力为 2.8 MPa。

（3）在现场测试中,利用顶板窥视仪观测顶板裂隙发育情况,通过数学公式计算出新建斜井过采空区时的垮落带高度为 3.61 m,其裂隙带高度为 16.25 m。现场测量所得值比相似材料模拟实验所得值分别小 0.89 m 和 2.75 m,说明现场采空区经接近 20 年的重新压实,采空区影响区域变小。

（4）现场测试得出丁$_{5-6}$煤层开采产生的垮落带及裂隙带对新建斜井的影响区域为 161 m 长。

5 U型钢支架系统力学分析

在巷道支护方面,国内外支护专家针对破碎围岩等复杂条件下的巷道支护开发了锚杆、锚索、注浆等强力支护技术,取得了一些成果。当在破碎围岩巷道中碰到随掘随冒,锚杆、锚索无法支护的情况时,支护界基本上使用高阻可缩性U型钢支架。由于U型钢支架有以下优点:支护强度大、增阻速度快、可缩性、安装方便等,所以我国破碎围岩巷道支护方面U型钢支架应用较广。但是,在工程实践中,U型钢支架的实际承载能力往往只有1/3~1/5的理论承载能力,有时甚至更低。在工程实践中,U型钢支架失稳情况时有发生。

5.1 U型钢支架变形破坏机理

由于其围岩压力状态较复杂、U型钢规格不一等原因的存在,U型钢支架失稳破坏表现方式较多。根据U型钢支架受力失稳机制及变形特征,本书将U型钢支架失稳变形方式分为以下几类:

(1) 支架-围岩体系相互作用不符合要求引起的U型钢支架结构性破坏。破坏机制为其受采动影响等因素巷道围岩岩性较差,导致支架与围岩间隙不均匀或过大,U型钢支架极限承载力远小于围岩载荷或冲击压力,拱顶产生倒"V"字形破坏,如图5-1(a)所示;或产生"一"字形(压平)破坏,如图5-1(b)所示;支架肩角部位局部扭曲破坏,如图5-2所示;支架底角处产生折腿破坏,如图5-3所示。

(2) 卡缆等连接结构失效导致U型钢失稳。研究表明,U型钢支架的工作阻力及初始阻力和的最大限度发挥是由卡缆等连接结构决定的。卡缆破坏表现形式为螺杆断裂、螺帽脱落、卡缆外翻、夹板拉断,可导致U型钢支架的承载力下降,最终支架失稳。

(3) 综合性破坏。这主要是支架承载性能不适应所支护巷道围岩变形破坏规律,导致U型钢支架结构性失稳破坏。具体破坏如图5-4所示。

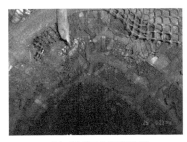

（a）倒"V"字形破坏　　　　　（b）"一"字形（压平）破坏

图 5-1　拱顶破坏

图 5-2　支架帮部扭曲破坏

图 5-3　支架底角折腿破坏

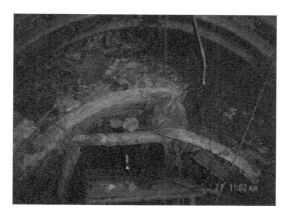

图 5-4 U型钢支架综合性破坏

5.2 U型钢支架支护数值模拟分析

依据平煤六矿斜井断面尺寸及地质资料建立计算模型,如图 5-5 所示。模型边界设置:Z 方向底端位移固定约束,X 方向和 Y 方向水平位移约束。侧压系数取 1.0,共计 3 200 个单元和 47 186 个节点。

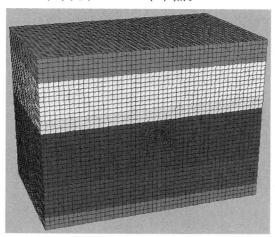

图 5-5 斜井数值模拟计算模型

本次采用两种支护方案进行对比分析,方案一采用锚杆支护(图 5-6);方案二采用全断面 U型钢支护(图 5-7)。

两支护方案模拟计算后的垂直应力分析对比如图 5-8 所示。其中,方案一

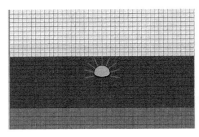

(a) 支护模型   (b) 支护结构

图 5-6　支护方案一计算模型

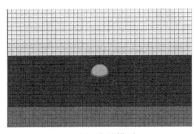

(a) 支护模型   (b) 支护结构

图 5-7　支护方案二支护模型

(锚杆支护)的最大垂直应力约为 8.8 MPa,出现在离两帮 4～5 m 处;巷道顶板垂直应力为 1～4 MPa;巷道底板 2 m 处出现最大应力,其值在 3 MPa 左右。方案二(全断面 U 型钢支护)的最大垂直应力约为 4.8 MPa,出现在离两帮 1 m 处;巷道顶板垂直应力为 2～3 MPa;巷道底板垂直应力明显减少,其最大垂直应力为 3 MPa,但已远离底板。

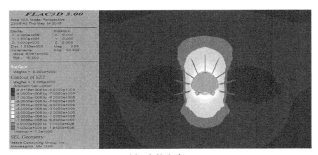

(a) 支护方案一

图 5-8　垂直应力分布图

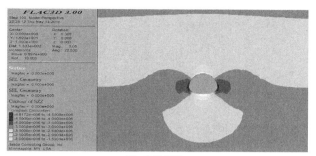

(b) 支护方案二

图 5-8(续)

由图 5-8 可知,相对锚杆支护,采用全断面 U 型钢支护破碎围岩巷道时,巷道的最大垂直应力得到较大改善,巷道顶、底板处于低应力区域,巷道破坏不严重。

由图 5-9 至图 5-11 可知,对于两种支护方案的支护初期来说,巷道两帮的围岩位移量相差不大,而在巷道壁上的两帮围岩位移量是全断面 U 型钢支护稍大于锚杆支护。究其原因在于,U 型钢支护属于被动支护,在破碎围岩条件下,U 型钢支护初期提供的支护阻力较小,对巷道围岩变形约束能力较锚杆支护稍差,但 U 型钢所提供的支护阻力随着巷道围岩的变形增大而增大。因此,在破碎软岩巷道里,U 型钢支架相对锚杆支护而言,其控制巷道围岩变形破坏的能力较强。

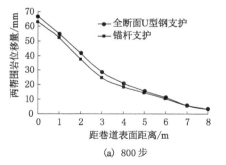

(a) 800 步

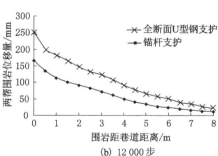

(b) 12 000 步

图 5-9　两种支护方案巷道两帮围岩位移量

对比图 5-9 至图 5-11,在同一计算步骤下,因为在此次模拟中我们将 U 型钢支架与围岩设置成均匀接触,所以 U 型钢支架拱顶部呈现较大的支护阻力。

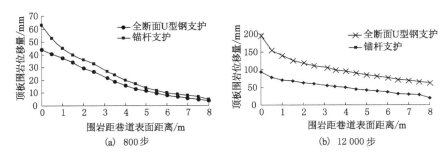

图 5-10　两种支护方案巷道顶板围岩位移量

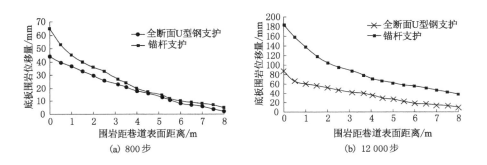

图 5-11　两种支护方案巷道底板围岩位移量

因此,在模拟计算步骤到达 12 000 步时,全断面 U 型钢支护下的巷道顶板的围岩收敛量大约为两帮的 1/2 多。以上说明,U 型钢支架所提供的支护能力在拱部位置远高于两帮。但在实际工程中,受巷道围岩特性及掘进爆破成面质量等影响,巷道空顶现象屡见不鲜,U 型钢支架与围岩的接触难以均匀,导致 U 型钢支架无法发挥拱部承载特性。另外,全断面 U 型钢支护与锚杆支护相比,在同一计算步骤时,全断面 U 型钢支护巷道顶板、两帮的位移量较小。其主要原因是,在破碎围岩巷道中,锚杆的锚固力无法正常体现,锚杆支护的护表性能较差,导致锚杆支护较难控制巷道围岩变形。

　　而在底板围岩变形控制方面,由于全断面 U 型钢支护设计有反底拱,故在控制底板围岩位移量方面,全断面 U 型钢支护的底板围岩位移量为锚杆支护的 0.47 倍,如图 5-11 所示。

5.3 U 型钢支架力学模型及内力计算

根据 U 型钢支架与巷道围岩的相互作用关系,建立 U 型钢支架的力学模型,如图 5-12(a)所示,钢架有 4 个约束反力,该结构属于一次超静定结构。拱顶所受载荷大小为 q_1,柱腿处所受载荷大小为 $q_2(q_2 = kq_1)$,支座 a 和支座 d 这里将其简化视为固定铰支座。

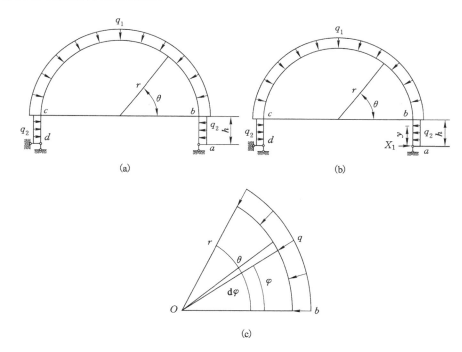

图 5-12 U 型钢力学模型

在这里运用结构力学对体系自由度进行计算:

$$W = 3m - (3g + 2h + b) \qquad (5-1)$$

式中 W——自由度;

$\quad\quad\ g$——单刚结个数;

$\quad\quad\ m$——刚片个数;

$\quad\quad\ b$——单连杆个数;

$\quad\quad\ h$——单铰接个数。

由图 5-12(a)可知,U 型钢结构为单刚片结构,即 $m=1$;结构支座两端固定,

则有 $h=0$，$g=0$；该结构共有 4 个连杆，有 $b=4$。将上述数据代入式（5-1），则该结构为一次超静定，可运用结构力学对 U 型钢支架承载能力进行求解。

5.3.1 支架支座垂直反力

对支座 d 进行力学解析，有 $\sum M_d = 0$，因此支座 d 的垂直反力可通过下式求得：

$$N_2 = \frac{1}{2}\int_0^\pi q_1 r\sin\theta \mathrm{d}\theta = \frac{1}{2}q_1 r(\cos 0° - \cos \pi) = q_1 r \tag{5-2}$$

已知 $r=3.77$ m，而在第二章通过理论计算及数值模拟分析，得出新建斜井顶板最大荷载为 2.7 MPa，最小荷载为 0.3 MPa。因此，支座 d 的最大垂直反力为 10.179×10^3 kN/m，最小垂直反力为 1.131×10^3 kN/m。

在 N_2 求出后，由 $\sum F_y = 0$ 可继续计算支座 a 的垂直反力 N_1。

5.3.2 支架支座水平反力

为求得 U 型钢支架的支座水平反力，特将支架右侧的支座 a 从固定铰支座换成活动的铰支座，将其视为基本静定结构解析，其相对应的多余推力用 X_1 代替，如图 5-12(b)所示，因此支座 a 的水平推力 $R_2 = X_1$。再由变性协调条件可知，支座 a 在推力 X_1 方向无位移发生，采用结构力学中的力法原理求解内力，可计算出力法的典型方程：

$$\begin{cases} \Delta_1 = \Delta_{11} + \Delta_{1p} = 0 \\ \Delta_{11} = \delta_{11} X_1 \end{cases} \tag{5-3}$$

式中 X_1——支座 a 变换后产生的水平推力；

Δ_1——简化后支架基本体系产生的位移；

Δ_{1p}——载荷 q_1 独立作用于支座 a 产生的水平位移；

δ_{11}——水平推力 $X_1=1$ 独立作用于支座 a 产生的水平位移。

因此，水平推力可由此计算：$X_1 = -\Delta_{1p}/\delta_{11}$

而对于 Δ_{1p} 和 Δ_{11} 的求解也可运用静定结构理论进行计算。考虑到剪力、轴力对 U 型钢结构的位移影响较小，且主要变形是弯曲变形，因此：

$$\begin{cases} \delta_{11} = \int \dfrac{\overline{M_1^2}}{EI}\mathrm{d}s = \int_{ab} \dfrac{\overline{M_1^2}}{EI}\mathrm{d}s + \int_{bc} \dfrac{\overline{M_1^2}}{EI}\mathrm{d}s + \int_{cd} \dfrac{\overline{M_1^2}}{EI}\mathrm{d}s \\ \Delta_{1p} = \int \dfrac{\overline{M_1}M_p}{EI}\mathrm{d}s = \int_{ab} \dfrac{\overline{M_1}M_p}{EI}\mathrm{d}s + \int_{bc} \dfrac{\overline{M_1}M_p}{EI}\mathrm{d}s + \int_{cd} \dfrac{\overline{M_1}M_p}{EI}\mathrm{d}s \end{cases} \tag{5-4}$$

式中 E——支护体的弹性模量；

M_p——U 型钢支架在载荷 q_1 单独作用下的截面弯矩；

S——轴向长度；

y_1——U 型钢支架在水平推力 $X_1=1$ 独立作用下的截面弯矩；

I——截面对中性轴的惯性矩。

为对 M_p、$\overline{M_1}$ 进行求解，将 U 型钢支架分为 ab、bc、cd 三段。

则 ab 段内有：$\overline{M_1}=x$，$M_p=-\dfrac{1}{2}kqx^2$。

bc 段内有：$\overline{M_1}=l+r\sin\theta$；其 M_p 的计算如图 5-12(c) 所示。

$$
\begin{aligned}
M_p &= -\int_0^\theta qr\,\mathrm{d}\varphi r\sin(\theta-\varphi) + Nr(1-\cos\theta) - kql\left(\frac{l}{2}+r\sin\theta\right)\\
&= -qr^2\int_0^\theta \sin(\theta-\varphi)\,\mathrm{d}\varphi + Nr(1-\cos\theta) - kql\left(\frac{l}{2}+r\sin\theta\right)\\
&= -qr^2(1-\cos\theta) + qr^2(1-\cos\theta) - \frac{1}{2}kql^2 - rl\sin\theta kq\\
&= -\left(\frac{1}{2}l^2 + rl\sin\theta\right)kq
\end{aligned}
\tag{5-5}
$$

根据对等原则，cd 段与 ab 段计算相同。

$$
\begin{aligned}
\delta_{11} &= \frac{1}{EI}\left[2\int_0^l x^2\,\mathrm{d}x + \int_0^\pi (l+r\sin\theta)^2 r\,\mathrm{d}\theta\right]\\
&= \frac{1}{EI}\left[\frac{2}{3}l^3 + \int_0^\pi (rl^2 + 2r^2 l\sin\theta + r^3\sin^2\theta)\,\mathrm{d}\theta\right]\\
&= \frac{1}{EI}\left(\frac{2}{3}l^3 + \pi rl^2 + 4r^2 l + \frac{\pi}{2}r^3\right)
\end{aligned}
\tag{5-6}
$$

$$
\begin{aligned}
\Delta_{1p} &= \int_{df}\frac{\overline{M_1}M_p}{EI}\,\mathrm{d}s + \int_{fe}\frac{\overline{M_1}M_p}{EI}\,\mathrm{d}s + \int_{ea}\frac{\overline{M_1}M_p}{EI}\,\mathrm{d}s = 2\int_{df}\frac{\overline{M_1}M_p}{EI}\,\mathrm{d}s + \int_{fe}\frac{\overline{M_1}M_p}{EI}\,\mathrm{d}s\\
&= \frac{2}{EI}\int_0^l x\left(-\frac{1}{2}kqx^2\right)\mathrm{d}x + \frac{1}{EI}\int_0^\pi (l+r\sin\theta)\left(-\frac{1}{2}l^2 - rl\sin\theta\right)kqr\,\mathrm{d}\theta\\
&= -\frac{kq}{EI}\int_0^l x^3\,\mathrm{d}x - \frac{kq}{2EI}\int_0^\pi (l^3 r + 3l^3 r^2\sin\theta + 2lr^3\sin^2\theta)\,\mathrm{d}\theta\\
&= -\frac{kq}{EI}\left(\frac{1}{4}l^4 + \frac{1}{2}\pi rl^3 + 3r^2 l^2 + \frac{1}{2}\pi r^3 l\right)
\end{aligned}
\tag{5-7}
$$

$$
\begin{aligned}
F_H = X_1 &= -\frac{\Delta_{1p}}{\delta_{11}} = -\frac{-\dfrac{kq}{EI}\left(\dfrac{1}{4}l^4 + \dfrac{1}{2}\pi rl^3 + 3r^2 l^2 + \dfrac{1}{2}\pi r^3 l\right)}{\dfrac{1}{EI}\left(\dfrac{2}{3}l^3 + \pi rl^2 + 4r^2 l + \dfrac{\pi}{2}r^3\right)}\\
&= \frac{3l^4 + 6\pi rl^3 + 36r^2 l^2 + 6\pi r^3 l}{8l^3 + 12\pi rl^2 + 48r^2 l + 6\pi r^3}kq
\end{aligned}
\tag{5-8}
$$

式中　l——U 型钢直墙高；

　　　r——支架拱形半径；

　　　k——水平应力系数。

将平煤六矿斜井断面特征参数：$r=3.77$ m，$l=1.3$ m，代入式(5-8)可知水平推力：$F_H=X_1=108.71kq$。

5.3.3　U 型钢支架承载能力

1）以轴力计算确定 U 型钢支架承载能力

由式(5-2)可知，U 型钢柱支架腿处的最大轴力大小为：$F_{N_1,\max}=F_{N_1}=-rq$，将半径 $r=3.77$ m 代入计算：

$$F_{N_1,\max}=F_{N_1}=-377q$$

而 U 型钢支架拱顶处轴力大小是：

$$
\begin{aligned}
F_{N_2} &=-\int_0^\theta qrd\varphi\sin(\theta-\varphi)-N\cos\theta+(F_H-kql)\sin\theta\\
&=-qr(1-\cos\theta)-qr\cos\theta+(F_H-kql)\sin\theta\\
&=(F_H-kql)\sin\theta-qr
\end{aligned}
\tag{5-9}
$$

对式(5-9)进行分析可知，当 $\theta=\dfrac{\pi}{2}$ 时，其柱腿处轴力 F_{N_2} 为最大值：

$$F_{N_2,\max}=F_H-(kl+r)q=-(21.29k+377)q \tag{5-10}$$

由表 5-1 和表 5-2 可知 U^{36} 型钢支架参数：$\sigma_s=36\,000$ N/cm^2，$A=45.7$ cm^2，代入 $F_{N_1,\max}=A\sigma_s$ 和式(5-10)可求出：

$$q=-\frac{1\,645\,200}{21.29k+377}$$

表 5-1　各类 U 型钢支架的主要参数

型号	理论延米质量 /(kg·m^{-1})	截面面积 /cm^2	断面参数						对比参数		
			I_x/cm^4	J_x/cm^4	I_y/cm^4	W_y/cm^3	W_x/cm^3	J_y/cm^4	$\dfrac{W_x}{G}$	$\dfrac{W_y}{G}$	$\dfrac{W_x}{W_y}$
U$_{25}$	24.76	31.54	455.1	451.7	506	75.92	81.68	508.7	3.3	3.1	1.08
U$_{29}$	29	37	612.1	616	770.7	103	94	775	3.2	3.6	0.91
U$_{36}$	35.87	45.7	955.5	972	1237	148	137	1264	3.8	4.1	0.93

表 5-2　U 型钢支架的力学性能

钢型号	强度极限 σ_b/(N·mm^{-2})	屈服极限 σ_s/(N·mm^{-2})	延伸率 δ/%	备注
16Mn	520	350	21	
20MnK	520	360	18	K 代表矿用
A5	500~530	280	21	
A6	600~630	310	16	

以最小载荷集度验证支架承载能力,对支架拱顶处和柱腿比较可知,刚性连接的支架在 $\theta = \dfrac{\pi}{2}$ 时达到最小载荷,因此 U$_{36}$ 型钢刚性支架的承载能力为:

$$F_{拱顶} = \sum_{i=1}^{n} ql_i$$

$$= (377\pi + 130 \times 2) \times \frac{1\ 645\ 200}{21.29k + 377}$$

$$= \frac{2\ 375\ 306\ 856}{21.29k + 377}$$

2) 以弯矩计算 U 型钢支架的承载能力

U 型钢支架柱腿处的弯矩大小是:

$$M_1 = M_p + \overline{M_1}F_H = -kqx^2/2 + xF_H \tag{5-11}$$

对式(5-11)两边求导: $x = \dfrac{F_H}{kq}$。因此,弯矩 M_1 此时为最大值,即 $M_{1,max} = \dfrac{1}{2}\dfrac{F_H^2}{kq}$;再将水平推力 $F_H = 108.71kq$ 代入求得:

$$M_{1,max} = 5\ 908.9kq \tag{5-12}$$

同理可求出支架拱顶处最大弯矩值,即当 $\theta = \pi/2$ 时,其拱顶处弯矩 M 为最大值: $M_{2,max} = F_H(l+r) - \dfrac{1}{2}kql(l+2r) = -2\ 344.03kq$。

设:

$$M_{1,max} = W_x(\sigma_S - F_{N_1,max}/A) \tag{5-13}$$

式中, W_x 为支架柱腿处最大弯矩时的截面模量,由表 5-1 可查, $W_x = 137\ \text{cm}^3$。

将式(5-12)代入式(5-13),可求柱腿处承载能力,即:

$$q = 36\ 000/(43.13k + 8.25)$$

同理,U 型钢支架拱顶处承载能力为:

$$q = 36\ 000/(17.56k + 8.25)$$

由此可知,U 型钢支架柱腿处的弯矩小于拱顶处,平煤六矿使用的 U$_{36}$ 型钢刚性支架的承载能力为:

$$F_{柱腿} = \sum_{i=1}^{n} ql_i$$

$$= (377\pi + 130 \times 2) \times \frac{36\ 000}{43.13k + 8.25}$$

$$= \frac{51\ 976\ 080}{43.13k + 8.25} \tag{5-14}$$

由式(5-14)分析可知,U 型钢支架的承载能力与侧压系数成反比。即随着侧压系数的增大,U 型钢支架的承载能力随之变小;反之,随着侧压系数的减小,U 型钢支架的承载能力随之变大。

当 $k=1$ 时(均布载荷),以轴力计算:

$$F_{拱顶} = \sum_{i=1}^{n} ql_i$$
$$= (377\pi + 130 \times 2) \times \frac{1\ 645\ 200}{21.29k + 377}$$
$$= \frac{2\ 375\ 306\ 856}{21.29k + 377}$$
$$= 6.300\ 6 \times 10^6\ \text{N}$$

以弯矩计算:

$$F_{柱腿} = \sum_{i=1}^{n} ql_i$$
$$= (377\pi + 130 \times 2) \times \frac{36\ 000}{43.13k + 8.25}$$
$$= \frac{51\ 976\ 080}{43.13k + 8.25}$$
$$= 1.011\ 6 \times 10^6\ \text{N}$$

既然支架的承载能力与侧压系数 k 有关,为确定正确的计算方式,现假设按弯矩计算和按轴力计算的承载能力相等,即:

$$\frac{51\ 976\ 080}{43.13k + 8.25} = \frac{2\ 375\ 306\ 856}{21.29k + 377}$$

可见,$k=1.95$,当 $k<1.95$ 时,其按轴力计算比按弯矩计算的承载能力大。因此,此时应按照以弯矩计算的承载能力计算,反之按轴力计算。

5.4　刚性 U 型钢支架数值模拟分析

本次数值模拟分析拟采用两种有限元分析软件进行对比分析,即 Ansys 分析软件和 Solidworks 分析软件。相对而言,Ansys 软件应用较为广泛,技术相对成熟。Solidworks 分析软件是达索系统公司(Dassault Systemes)开发的专门研发机械设计产品,该软件中的插件 Simulation Xpres 可对支撑类型和简单载荷的零件进行静态分析。因其可操控性强及视窗友好等特点,近年备受推崇。

有限元分析基本步骤是:结构离散化→单元分析→整体分析。所谓结构离散化,就是根据物理近似和几何近似准则,将真实结构经过不同的单元类型离散为有限单元的集合体。在有限元分析过程中，一般是经过位移分析的方法进行计算，也就是设各节点的位移量为基本未知量，而单元中的应变、位移、应力等基本物理量，都和节点位移分量有关联。所谓整体分析，则是先建立总刚度矩阵，再经过设置边界条件求解线性方程，最终得到两节点位移，再求出其他关联量，如应力等。

5.4.1 Ansys 有限元分析

U$_{36}$型钢的横截面是不规则形状面，因为没有方法确定节点的编号、位置以及单元的大小等，所以一般在 Ansys 里使用间接法划分网格、建模。在 Ansys 软件中模拟 U 型钢支架一般采用以下三种单元划分网格：Shell（壳）单元、Solid（实体）单元、Beam（梁）单元。

U 型钢支架易破坏变形的位置以及破坏方式是由 U 型钢支架在荷载下的轴力、弯矩、扭矩和剪力等内力的分布情况决定的。从现有文献来看，国内在这方面研究的主要是采用二维线性模型模拟，该方法主要特点是假定分段均布受载，约束棚脚的形式比较单一，且 U 型钢支架承载能力通常以弯曲应力作为判定标准。而在 U 型钢支架的变形破坏中，其剪力和轴力也是导致 U 型钢支架破坏变形的主要因素。本节拟采用 BEAM189（梁）单元进行模拟分析。

U 型钢截面严格按照 U$_{36}$型钢断面参数设计，截面面积为 45.70 cm²，如图 5-13 所示。截面用 Ansys 中的 mesh 200 单元模拟。在支架两端支座 X、Y、Z 方向全约束，加载方式为均布载荷，如图 5-14 所示。

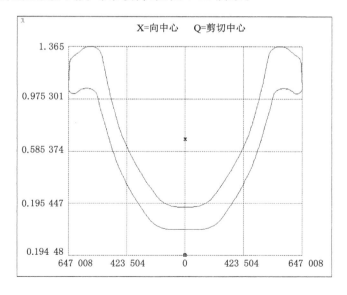

图 5-13 单元模拟截面图

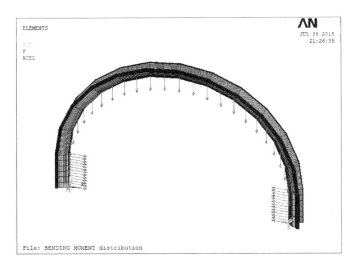

图 5-14　模型图

经过 Ansys 计算分析得到变形图、总位移图、应力模型图,如图 5-15 至图 5-18 所示。从图 5-15 和图 5-16 可以得出:在均布荷载作用下,U 型钢支架拱部的变形最大,位移达到 1.163 mm。

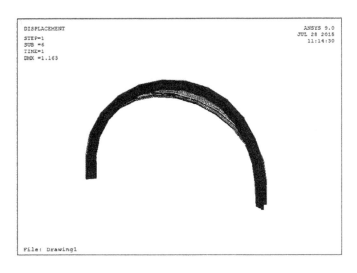

图 5-15　变形图

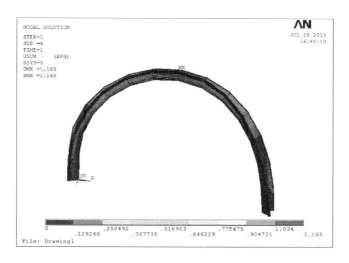

图 5-16 总位移图

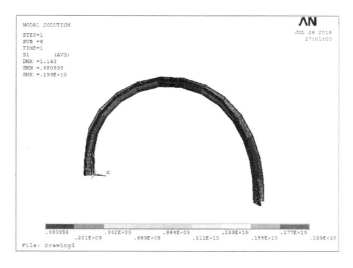

图 5-17 最小主应力模型图

支架最小主应力和最大主应力模型如图 5-18 和图 5-19 所示。其最小主应力出现在直墙处,为 0.48 GPa;最大主应力位于拱顶和拱肩处,其值为 0.194 GPa。

均布加载 10 kN 后支架内力分布如图 5-19 至图 5-21 所示。其最大弯矩出现在支架右肩处,其值为 504 347 N·m,最小弯矩为 22 517 N·m。最大轴力

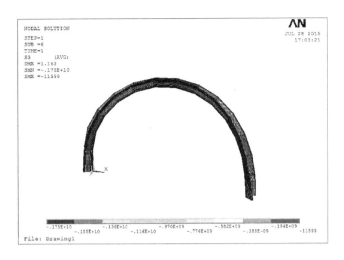

图 5-18 最大主应力模型图

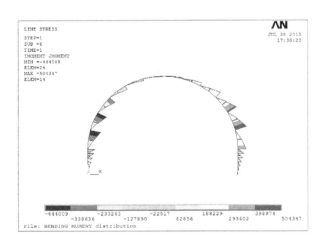

图 5-19 弯矩图

为 146 005 N,位于拱顶处。

5.4.2 Solidworks 有限元分析

Solidworks Simulation 是一个全新的设计分析系统。它可提供对产品进行频率分析、应力分析、热分析、优化分析和扭曲分析,凭借着快速解算器的强大优势,可以快速计算大型复杂问题。该软件提供了多种插件,能够满足各类分析

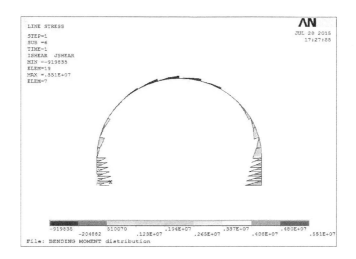

图 5-20　结构剪力图

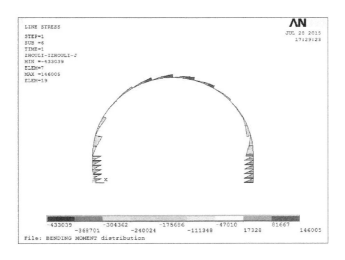

图 5-21　轴力图

需要。

此次模拟采用其中一个插件 Simulation Xpress,模拟需完成以下步骤:材料赋值、约束、加荷载,查看和分析结果。

在 Solidworks 中绘制三维模型图,如图 5-22 所示,直墙高 1.3 m,拱半径为 3.77 m。再划分网格,如图 5-23 所示,共划分 26 429 个节点、13 188 个单元。

图 5-22 U$_{36}$ 型钢 Solidworks 模型

图 5-23 实体网格划分图

实体材料选择为铸造碳钢,其弹性模量为 2.1×10^{11} Pa,泊松比为 0.31,屈服强度为:2.4816×10^8 N/m²,张力强度为 4.82549×10^8 N/m²。划分单元后,再对柱腿支座进行约束,此次模拟分别对 U 型钢支架耳部进行均布荷载加压 10 kN 和 50 kN,以进行比较分析,如图 5-24 所示。

图 5-24　约束和加载图

10 kN 加压后,U 型钢支架最大应力为 6.06 MPa,出现在柱腿处,如图 5-25 所示。50 kN 加压后,U 型钢支架最大应力为 27 MPa,出现在柱腿处,如图 5-27 所示。10 kN 和 50 kN 加载后,变形方式相同,变形较大位置都出现在柱腿处。

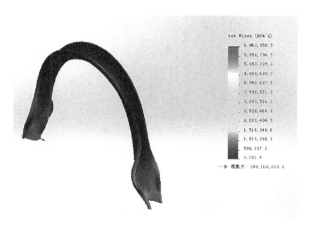

图 5-25　10 kN 加载应力云图

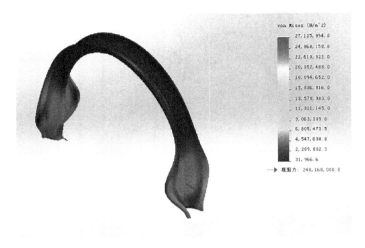

图 5-26　50 kN 加载应力云图

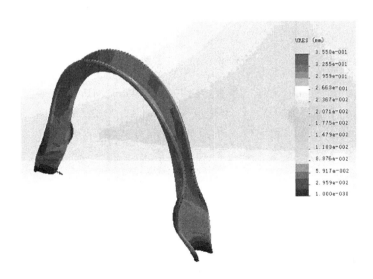

图 5-27　10 kN 加载位移云图

两力加载后的支架位移对比可知,10 kN 加载后的最大位移为 0.355 mm,而 50 kN 加载后的最大位移为 2.63 mm,如图 5-27 和图 5-28 所示。

图 5-28　50 kN 加载位移云图

5.5　U 型钢支架壁后注浆分析

经典岩石力学认为,采用各种技术手段提高和保持巷道围岩的强度是巷道支护技术的关键和核心所在。壁后注浆能有效控制巷道围岩变形,使巷道支护效果显著改善,其技术不仅切合破碎围岩巷道支护理论的发展方向,而且在现场实践中具有较优越的经济效益,具有较大的推广效益。

5.5.1　破碎围岩巷道壁后注浆原理

壁后注浆原理就是针对破碎围岩巷道变形大,易失稳的现象,采用一定的注浆压力将一定配比的注浆液注入破碎带围岩内,使破碎围岩与浆液变成浆液胶结体,通过提高破碎岩体的自身强度,从而使围岩破坏区的恶性蠕变得到有效的抑制,最终使巷道围岩稳定。

壁后注浆的作用有以下几点:

(1) 提高围岩的自身强度。注浆浆液在破碎岩体中的作用就是将破碎岩体的裂隙胶结在一起,增大了岩块之间的相对摩擦力,提高了破碎围岩体的力学性能,即岩体的内摩擦角和黏聚力的提高。据相关文献研究表明,注浆后的破碎粉砂岩、页岩的强度是之前的 1～3 倍。

(2) 可形成新的承载结构。注浆后的破碎岩块胶结成一个整体,其自稳能力较之前得到明显改善,与支架形成新的"围岩-支架"承载结构,将围岩在支架上的载荷降低至未注浆的 2/3～4/5。

(3) 围岩赋存环境得到改善。注浆后的破碎围岩巷道,因浆液充填封闭裂隙,可有效隔绝水、气与围岩内部的接触,其围岩渗透性将至 1/10,甚至 1/100还多,可阻止水对膨胀性软岩的侵蚀。

5.5.2 壁后注浆数值模拟分析

本次模拟运用 FLAC^{3D}对两种方案进行了模拟分析,见表 5-3。

表 5-3 两种支护方案

序号	支护方案
1	U$_{36}$型钢支护
2	U$_{36}$型钢＋壁后注浆

计算模型根据平煤六矿新建斜井过采空区时的地质条件建立,模型尺寸:高×宽＝50 m×50 m,其垂直应力取 7.3 MPa。数值模型如图 5-29 所示。

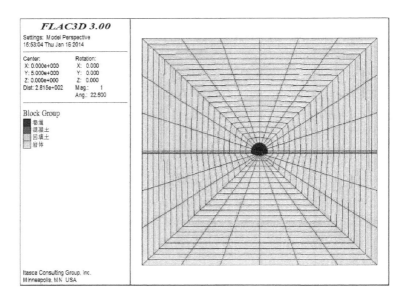

图 5-29 FLAC^{3D}计算模型图

由图 5-30 和图 5-31 可知,采用壁后注浆后的 U 型钢支架受力更加均匀,承载结构成型得更好。未采用壁后注浆时,U 型钢支架的肩部变形较为严重,其直墙部受力也不均匀,产生了较大的变形,有可能导致支架失稳破坏。

由图 5-32 至图 5-34 可知,采用"全断面 U 型钢＋壁后注浆"支护方案对控制斜井巷道围岩稳定效果更好。从顶、底板及两帮监测点的位移曲线来看,采用

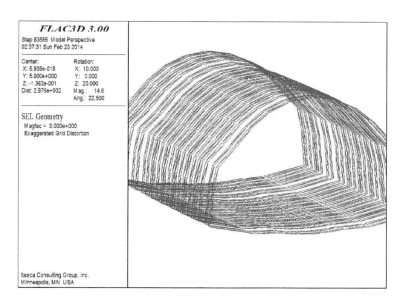

图 5-30　未壁后注浆的 U 型钢变形图

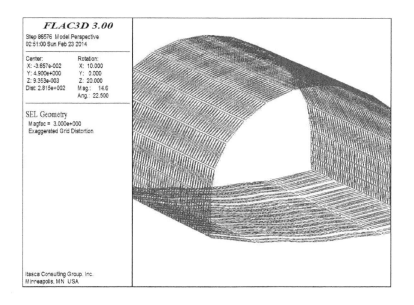

图 5-31　壁后注浆的 U 型钢变形图

壁后注浆后围岩变形都较小,方案一(未注浆的 U 型钢支护)中拱顶位移量为 321.4 mm;其底板位移变形量为 55.1 mm;两帮位移变形量是 175.7 mm,方案 2(U 型钢+壁后注浆)中拱顶位移变化量是 267.5 mm;其底板围岩变形量是

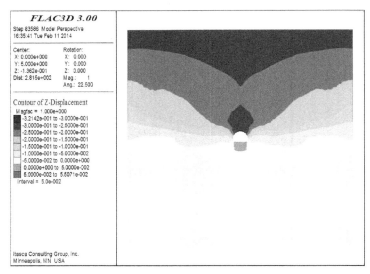

(a) 方案一

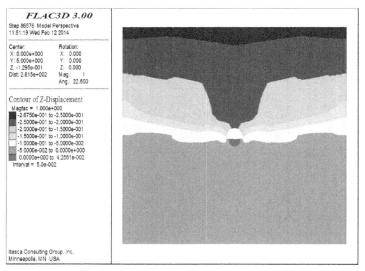

(b) 方案二

图 5-32 垂直位移云图

42.6 mm;两帮位移变化量是 50.2 mm。方案二与方案一相比,顶板变形减少17%,帮部变形减少71%,底板变形减少23%,说明方案二采用壁后注浆可以提高破碎围岩的整体性,更能有效控制巷道围岩变形,特别是壁后注浆对两帮的围岩变形抑制明显,对全断面 U型钢支护是一种很好的补偿。

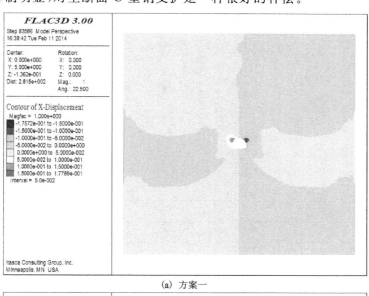

(a) 方案一

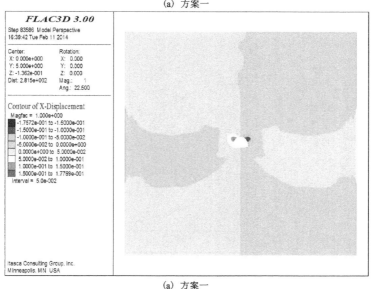

(a) 方案一

图 5-33 水平位移云图

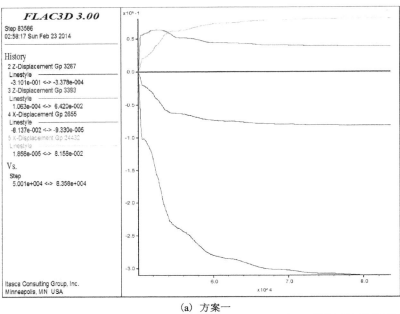

(a) 方案一

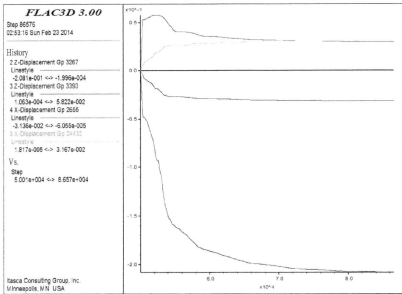

(b) 方案二

图 5-34　位移监测曲线

图 5-35 和图 5-36 是两种方案的垂直应力和水平应力云图。从图 5-35 可看出,壁后注浆后,其巷道顶板压力释放较为明显。未采用壁后注浆的巷道水平应力在两帮处明显较大,对两帮影响较大。

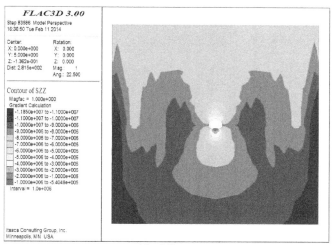

(a) 方案一

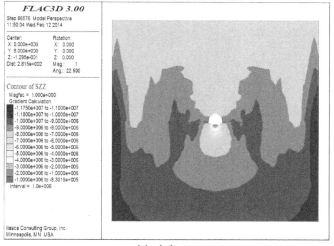

(b) 方案二

图 5-35　两种方案垂直应力图

采用壁后注浆可以提升破碎围岩的黏聚力及内摩擦角,这样控制巷道围岩破坏变形及塑性区恶性发展的效果十分明显。

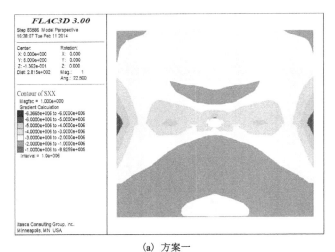

(a) 方案一

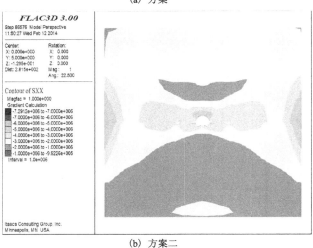

(b) 方案二

图 5-36　两种方案水平应力图

5.6　支架结构补偿机制

从上述力学计算及模拟分析可得出,在特定荷载下的 U 型钢支架存在危险截面,如果不及时处理,可能会导致支架局部失稳或整体失效,这种现象在破碎围岩巷道中最常见。在破碎围岩巷道里,如果只采用普通的联合支护或者常规单体支护,当支护结构危险截面处的许用应力小于其承载应力时,将导致支护结构失稳。

因此,仅仅靠增加支护强度并不能改善破碎围岩巷道的支护问题,只有提高"支护-围岩"结构的稳定性以及承载能力,才能较好地控制破碎围岩巷道变形及破坏。

通过在支护结构危险截面实施特定的结构补偿力,从而使危险截面承受的应力较大幅度地降低,并能充分发挥支护结构的承载性能,最终使"支架-围岩"的整体稳定性得到提高,这也就是支架结构补偿原理所在。

5.6.1　支架结构补偿设计

对于破碎围岩巷道,如果支护不科学,则较易产生严重的底鼓现象,因为帮部破碎岩体在应力作用下向巷道底板移动。相关文献研究表明,在破碎围岩巷道中,其底板发生底鼓的概率更大。因此,在平煤六矿斜井过采空区段的底板处必须进行 U 型钢支架结构补偿。

其基本装置是在两个相邻反底拱之间设置 3 道 1 m 长的底拱联锁梁,选用 U_{36} 型钢作为底拱联锁梁材料,选用 3 根锚杆紧固在底板,能使反底拱与底板的接触面积有效增加,增加了 U 型钢支架的整体稳定性。

采用 U 型钢反底拱并辅以锚杆可有效控制底鼓的产生。根据平煤六矿斜井断面底板支护(图 5-37)建立反底拱力学模型,如图 5-38 所示。根据反底拱的力学平衡,建立式(5-15)。

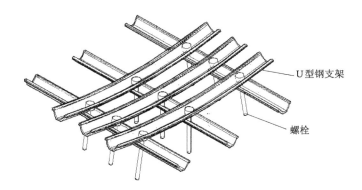

图 5-37　反底拱支护图

$$2q_1 + T = P_0 \cdot L_X \cdot L_Z \tag{5-15}$$

式中　L_X——斜井断面宽度,m,$L_X = 6.33$ m;

　　　L_Z——选取沿斜井长轴方向的宽度,m,$L_Z = 0.4$ m;

　　　T——底板锚杆的垂向拉力;

　　　q_1——两帮破碎岩体垂向压力;

　　　P_0——反底拱的极限承载力。

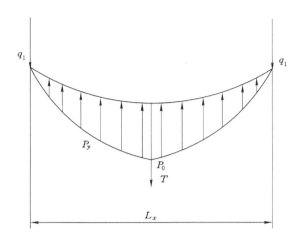

图 5-38　反底拱力学模型

底板设计采用 3 根 $\phi22$ mm，长为 2.4 m 的锚杆，其极限拉力为 3×200 kN＝600 kN。

将 U 型钢支架的力学模型简化为拱圈承受载荷来自 q_d，而在本书第二章通过基于统一强度改进的太沙基公式可知，斜井顶板最大荷载为 2.7 MPa，U 型支架宽度为 0.15 m，则 $q_1=0.15q_d$

由式（6-1）可知反底拱极限承载力为：

$$P_0=\frac{2\times0.15\times2.7\times10^3+600}{6.33\times0.4}\ \text{MPa}=0.56\ \text{MPa}$$

而由全国巷道底板的支护经验来说，当底板支护反力值为 0.2 MPa 时，巷道底板围岩的稳定性就可以达到。因此，平煤六矿斜井反底拱补偿支护设计较为合理且有效。

5.6.2　支架结构补偿数值模拟分析

本次模拟采用 FLAC[3D]对表 5-4 所列支护方案进行对比分析，其模拟结果如图 5-39～图 5-42 所示。

表 5-4　支护方案表

序号	支护手段
1 方案	无支护
2 方案	U 型钢
3 方案	U 型钢＋反底拱＋底拱联锁梁＋底板锚杆补偿

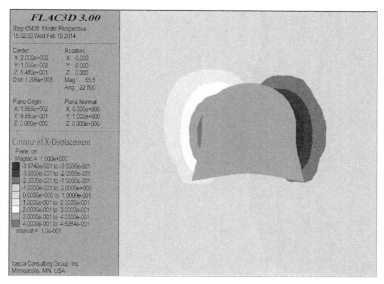

(a) 水平方向

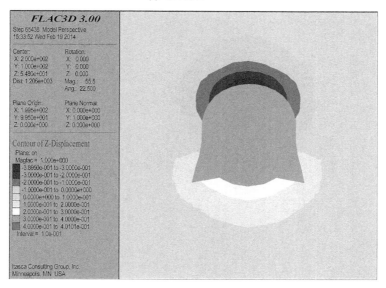

(b) 垂直方向

图 5-39 位移云图(方案一)

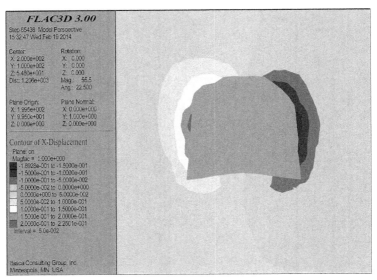

(a) 水平方向

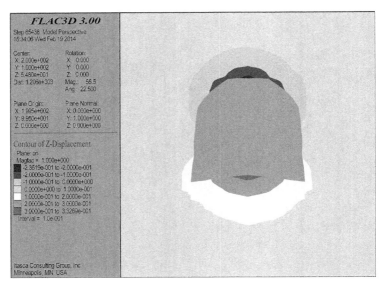

(b) 垂直方向

图 5-40　位移云图(方案二)

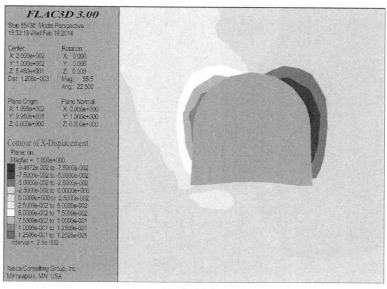

(a) 水平方向

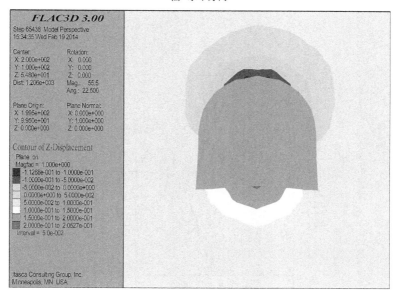

(b) 垂直方向

图 5-41 位移云图(方案三)

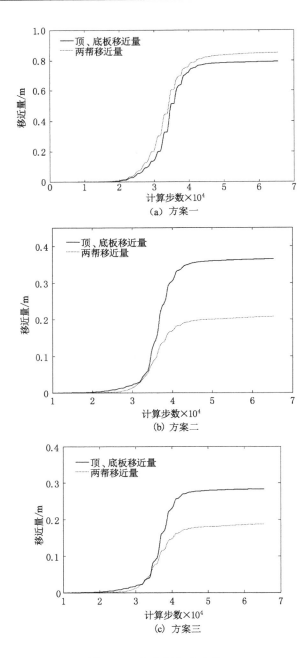

（a）方案一

（b）方案二

（c）方案三

图 5-42　各方案位移曲线

由各方案位移变形图可知,在方案一无支护情况下,巷道围岩变形较严重,巷道顶、底板位移变形量达到 792 mm,两帮位移变形量达到 850 mm。采用"全断面U型钢支护"方案二后,顶、底板位移变形量减少了 427 mm,两帮位移变形量减少了 642 mm,但底板变形量还是较大。而方案三采用"全断面U型钢+反底拱+底拱联锁梁+底板锚杆补偿"以后,顶、底板位移变形量减少了近 508 mm,巷道底板底鼓得到基本控制。

"全断面U型钢"支护方案因无法控制两帮破碎围岩的向底板发展的位移趋势,导致无法有效控制底板围岩的变形,且由于拱形结构的顶板承受应力的能力较底板强,因此巷道底板就是整个支护体系的薄弱环节。方案三采用"全断面U型钢+反底拱+底拱联锁梁+底板锚杆补偿"支护,因"反底拱+底板锚杆补偿"结构在底板施加了较高的支护阻力,有效地控制了巷道底板变形。

5.7　本章小结

本章依据U型钢支架的变形破坏机理,建立力学模型计算了U型钢内力分布;系统分析了壁后注浆、支架结构补偿等技术对于U型钢支架稳定性的重要作用。其主要结论为:

(1) 在计算刚性U型钢支架内力时,计算U型钢支架结构为一次超静定结构。利用力法原理对平煤六矿斜井刚性支架进行了内力计算,U_{36}型钢支座垂直反力为 $q_1 r$,左帮支座的最大垂直反力为 10.179×10^3 kN/m,最小垂直反力为 1.131×10^3 kN/m。其中,U_{36}型钢支座水平反力 $F_H = 108.71 kq$。

(2) 通过对刚性 U_{36} 型钢支架承载能力的计算分析,得出 U_{36} 型钢刚性支架的承载能力为:$F_{柱腿} = \sum_{i=1}^{n} q l_i = (377\pi + 130 \times 2) \times \dfrac{36\,000}{43.13k + 8.25} = \dfrac{51\,976\,080}{43.13k + 8.25}$,即承载能力只受侧压系数影响,且与侧压系数成反比关系。当 $k < 1.95$ 时,应按照以弯矩计算的承载能力计算;反之,按轴力计算。

(3) 通过U型钢支架壁后注浆原理分析以及数值模拟分析比较后,认为采用壁后注浆后的U型钢支架受力更加均匀,承载结构成型得更好。控制围岩变形方面较之未注浆,顶板变形减少 17%,帮部变形减少 71%,底板变形减少 23%。

(4) 通过对支架结构补偿机制的研究,针对大断面破碎围岩底板底鼓严重的特点,创新性地设计出反底拱锚杆支护补偿方案;通过建立反底拱力学模型,计算出反底拱极限承载力为 0.56 MPa,能够满足控制底板变形的要求。

6 采动影响破碎围岩巷道支护机理研究

近年来,我国石油、天然气、核电、水力、风力等其他资源有了较大的发展,但是煤炭仍然是主要能源,在一次性能源生产和消费中占 70% 左右,并且在较长时间内这种状况不会有根本性的改变。目前,我国绝大多数煤矿仍采用井工开采,随着开采方法与工艺和机械化程度的提高,煤炭开采深度正以 10~12 m/a 的速度向深部扩展,巷道每年的掘进量大约为 6 000 km,总量大约为 30 000 km。据统计,其中70%~80%的巷道都受到采动影响,表现出底鼓严重、围岩变形量大且难以控制等特点,动压影响巷道的维护严重地制约着煤矿生产的集约化。

现阶段我国开采底板巷道上覆煤层的方法有留设保护煤柱护巷和跨采方式。其中,留设保护煤柱护巷,虽然可以避免底板巷道受剧烈的采动影响,但在保护煤柱四周均为采空区,致使煤柱下方成为高应力区。在高应力作用下,随时间的增长底板巷道围岩,发生明显的流变现象,这样不利于巷道长期的稳定与维护。如果采用跨采方式进行开采,则在跨采过程中在煤壁前方和侧向都会产生应力增高区,随着工作面的不断推进,底板巷道稳定性将受到采动影响,导致巷道围岩强度与稳定性降低,乃至破坏。随着科学技术的发展,各种新材料的应用、设备的更新,以及各种新型支护技术的提出,使维持采动影响下底板巷道稳定成为可能,尤其在跨采之后底板巷道即处于卸压状态,有利于巷道维持长期的稳定与使用,这些都促进了煤矿生产系统简单化,提高了煤炭资源的回收率。因此,开展采场底板应力传播规律及其对底板巷道稳定性影响与支护技术的研究具有较高的理论与实际意义。

跨采产生的高支承压力是影响底板巷道稳定性的主要因素,其导致底板巷道出现变形量大、断面严重缩小且容易发生顶板局部垮落、巷道片帮等特征。然而,传统单一支护在刚度与强度上均无法满足维持巷道稳定的要求,为解决采动影响下底板巷道围岩支护困难的问题,可采用"锚(杆)网喷+注浆+全断面锚索+底板锚索"联合支护技术。联合支护是在以锚杆支护为基础的上采用多种不同支护组合的方式,合理有序的联合支护技术可以在充分发挥各支护其自有的特性下,做到各部分互相协调,弥补各支护的不足,可以很好地满足采动影响下底板巷道围岩变形的要求,达到维持围岩长期稳定的目的。

6.1 采场底板岩层应力分布规律

依据弹性力学理论,当半平面体在边界上受铅直分布力时,具体如图 6-1 所示,其中可将分布力在 AB 段距坐标原点 O 为 ξ 处取微小长度 $\mathrm{d}\xi$,将所受力 $\mathrm{d}F = q\mathrm{d}\xi$ 看作微小集中力,通过叠加集中应力作用的应力公式得出下方任意一点 M 的应力式,即式(6-1)。基于该理论,国内学者对采场支承压力在底板中的传递进行了大量的研究,取得了丰硕的研究成果。

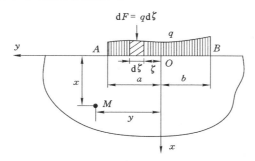

图 6-1 铅直应力对无限平面内 M 点影响

$$\begin{cases} \sigma_y = -\dfrac{2}{\pi}\displaystyle\int_{-b}^{a} \dfrac{qx^3\,\mathrm{d}\xi}{[x^2+(y-\xi)^2]^2} \\[2mm] \sigma_x = -\dfrac{2}{\pi}\displaystyle\int_{-b}^{a} \dfrac{qx(y-\varepsilon)^2\,\mathrm{d}\xi}{[x^2+(y-\xi)^2]^2} \\[2mm] \tau_{xy} = -\dfrac{2}{\pi}\displaystyle\int_{-b}^{a} \dfrac{qx^2(y-\varepsilon)\,\mathrm{d}\xi}{[x^2+(y-\xi)^2]^2} \end{cases} \quad (6\text{-}1)$$

唐孟雄将煤层底板岩体视为一个半无限体,基于弹性理论推导了煤层工作面开采过程中底板中某点的应力增量解和煤层底板破坏深度的近似计算公式;并且分析某矿井的实测的岩石位移资料,将近似公式计算得出的底板破坏深度与实测值进行了比较。

朱术云等人基于矿山压力建立了相应的力学计算模型,采用弹性理论推导出了工作面推进过程中底板任意一点的应力解,结合实际材料的参数利用计算机计算得到了煤层底板垂直应力和水平应力分布规律,并指出二者均随深度的增加而发生变化,但在一定深度范围垂直应力的衰减速率更大,且在一定深度范围内会出现水平应力大于垂直应力的情况。

彭维红等人基于双调和函数和格林函数的基本解,求得了边界面力条件下的积分方程,并以此为基础研究了底板岩层的应力分布和底板应力增量分布的解析计算式。

弓培林等人采用大型三维固-流耦合相似模拟实验台对太原市东山煤矿带压开采进行了相似模拟,得出在开采过程中煤层底板的应力、位移始终在变化,并且其变化过程具有周期性的升降。其中,采空区中部应力恢复幅度跟时间相关,采空区中部应力恢复幅度最高,而位移恢复幅度较小。

李胜利基于弹性理论建立了保护煤柱开采时沿煤层走向与煤层倾向的底板应力模型,并分煤层倾角 $\alpha = 10°$、$\alpha = 20°$、$\alpha = 30°$、$\alpha = 40°$ 情况计算出保护煤柱开采时底板岩层应力分布曲线,集中表现为随着煤层倾角的增加,保护煤柱上部底板岩层最大应力集中系数比保护煤柱下部底板岩层最大应力集中系数要大,且距离煤柱垂距越大,应力集中系数越小。

袁本庆基于弹性力学,建立了回采期间受支承压力和承压水共同作用下底板应力分布规律的力学模型,得出了底板应力分布的应力计算公式,计算得出沿煤层走向工作面前方煤体下底板将出现应力集中,并且随着煤层底板深度的增加,其峰值距离工作面越远,而在采空区下方底板岩层呈现卸压状态;底板下方的任意位置由支撑压力引起的应力增量中垂直应力集中系数最高;底板岩层中应力增高系数随煤层底板深度增加而减小,卸压程度也随埋深增加而逐渐减小。

张华磊基于弹性力学,应用附加应力算法分析了采动支承压力在底板中的传播规律,并通过相似模拟试验进行了验证,认为煤层开采顺序不同对底板巷道围岩的稳定性的影响是有差异的。

林峰根据淮北芦岭煤矿地质条件进行了相似材料模拟试验,分析了采动影响下底板支承压力的分布规律,得出采空区长度在 $60 \sim 80$ m 时,在工作面前方煤体中才会形成支承压力,其影响范围在 55 m 左右,而固定支承压力在侧向方向上的影响范围为 $50 \sim 60$ m。

6.2 采动影响破碎围岩巷道支护机理

6.2.1 支护与围岩的作用机理

巷道围岩随开挖过程,因应力的卸载,巷道周边围岩应力状态由原来的三向应力转变为二向应力状态,围岩原储存的能量释放,导致岩体的破坏,在巷道周围形成弹性区、塑形区和破裂区。弹性区围岩处于弹性状态,塑形区围岩则处于塑形应变软化状态,破碎区围岩处于残余强度状态。塑形区的扩大是一个渐进的过程,处于塑形状态的围岩并不会立刻失去承载能力,仍具有一定的承载力,巷道支护就是要充分发挥此时的围岩自稳能力。

6.2.2　网喷支护及注浆作用机理

网喷支护与注浆在本质上对于围岩都起到隔绝空气和水,协同围岩变形、限制破坏发展、封闭裂隙、改善应力状态、消除裂隙应力集中等作用。但是,网喷支护仅局限与围岩表面的维护,而注浆则深入到围岩内部,二者协同支护从空间上做到互补,从而大大改善巷道的维护状况,并且对于围岩的强化作用并不只等同于二者效果的简单叠加。其具体的作用机理如下:

(1) 封闭围岩,隔绝空气和水与围岩的接触,防止围岩中遇水膨胀、崩解及风化成分导致巷道的变形。网喷支护在表面可以封闭围岩,从而阻止巷道中水与空气的存在对围岩的稳定产生影响。而注浆材料可以深入围岩内部,封闭围岩内节理、裂隙等流水通道,进一步减少深部围岩受水和空气的影响,从而整体提高围岩强度与巷道稳定性。

(2) 填充节理裂隙,转变应力状态和破坏机制。网喷支护可以填充围岩表面的凹凸不平以及进入围岩表面张开的节理裂隙,而注浆则深入深部围岩,经挤压、渗透作用,填充裂隙,同时对于封闭的裂隙和小裂隙受网喷的支护阻力与注浆的压力影响而压缩、闭合。断裂力学的观点认为,连续介质中裂隙在承载过程中会产生强烈的应力集中,且在端部会出现最大应力集中现象,而经过注浆的填充、压实及对裂隙面的黏结,网喷填充、支护阻力的作用,大大削弱了裂隙产生应力集中的现象,从而转变了围岩的破坏机制。同时,围岩大裂隙经由注浆材料的填充压密以及网喷支护由围岩表面向内提供的支护阻力,围岩由二向应力状态转变为三向应力状态,从而显著地提高了围岩的强度。

(3) 协同围岩变形,限制破坏发展。网喷支护具有一定柔性,当围岩变形时,在与围岩共同变形过程中释放一定的应力。而注浆过程中,浆液在压力泵的作用下挤压、渗透入巷道围岩深部,固结后形成了薄厚不一的片状或条状,与网喷支护中金属网一同组成了网络骨架结构。注浆材料固结体与金属网的强度不一定比岩体强度大,但二者都具有良好的韧性,当外力加载时随同围岩变形而变形,此时主要的承载体仍为岩石,但当荷载进一步增加直至超过岩石强度导致破坏时,注浆材料和金属网此时可充分发挥各自的韧性与黏结作用,这些都有效地提高了围岩残余强度,从而改善巷道维护状况。

(4) 改善锚杆(索)受力状态。对于巷道表面而言,同一断面内巷道周边各点位移并不相同,一般在顶、底板和两帮中点处位移较大,同一断面锚杆(索)受力不均匀,而网喷支护可作为传力媒介,使整个断面锚杆受力均衡,从而使单个锚杆作用变为锚杆群作用。在两锚杆支护之间,因锚杆两端压应力呈锥形分布,在中间存在一个三角区域岩石易松动,如图6-2所示;而网喷支护可以充分限制这些部分岩石内移。在围岩深部,当围岩松散、软弱,特别是松动范围较大时,锚杆在破碎岩体中难以形成坚实的着力基础,锚固作用机制无法充分发挥,并且锚杆端头也不易锚固。此时,注浆固结的作用将岩石黏结、压实,给予锚杆着力基础,能有效地提高锚杆在破碎围岩中的支护效果,形成可靠的组合拱。

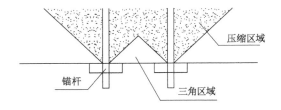

图 6-2　锚喷支护三角区域加固示意图

6.2.3　锚杆、锚索叠加压缩拱结构

1）锚杆作用机理

锚杆的作用表现为通过锚杆在巷道周边围岩内部对围岩加固,形成围岩承载体,维护巷道稳定,然而由于地质条件的不同,锚杆的作用机理也有所不同。目前,锚杆支护理论主要有:悬吊理论、组合拱(压缩拱)理论、组合梁理论、最大水平应力理论、巷道锚杆支护围岩强度强化理论等悬吊理论、组合梁理论以及最大水平应力理论都在各种特定场合一定程度上解释了锚杆的作用机理,但在围岩破碎的情况下并不适用。当围岩在高应力作用下变形、破坏后,围岩破碎区明显扩大,层理、节理发育时,此时锚杆的作用原理可以用组合承载拱来解释。组合拱理论认为,当拱形巷道破裂区安装预应力锚杆时,在杆体两端形成圆锥形分布的压应力,如果巷道周边布置锚杆较密集、锚杆间距足够小,由各锚杆预应力形成的圆锥体互相交叠时,就能在岩体中形成一个均匀的压缩带,即承压拱(亦称组合拱或压缩拱),如图 6-3 所示。

2）锚杆、锚索叠加压缩拱承载结构

当在锚杆组合拱的基础上加上锚索时,锚索除了对锚杆、注浆形成的组合拱具有强化作用外,还起到悬吊和拉伸的作用,并形成新的范围更大的压缩应力拱,将松动圈内的锚杆组合拱承载体直接悬吊和拉伸在深部稳定的围岩中。当锚索间排距适当时,同样也会形成自身的组合压缩拱结构,极大地提高了围岩与锚固体的承载能力,并将施加在承载体上的部分应力传递至围岩深部,从而与深部围岩连为一体,协调作用。其中,锚杆形成的组合压缩拱结构称为主压缩拱,锚索形成的组合压缩拱结构称为次压缩拱。这两种压缩拱的作用机理再加上锚索的悬吊作用使承载结构形成一种叠加拱的力传递系统,称为叠加压缩拱承载结构,如图 6-4 所示。

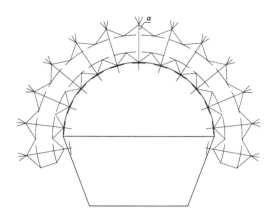

图 6-3 锚杆的组合拱原理

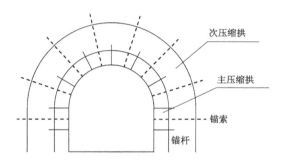

图 6-4 叠加压缩拱承载结构

3) 叠加压缩拱极限承载强度

基于一定假设,建立了叠加压缩共极限强度的力学模型,如图 6-5 所示。

计算过程中,支护岩体按莫尔-库仑强度准则进行计算,即

$$\sigma_1 = \sigma_3 \frac{1 - \sin \varphi_b}{1 - \sin \varphi_b} + 2c_b \frac{\cos \varphi_b}{1 - \sin \varphi_b} \tag{6-2}$$

式中　　σ_1, σ_3——岩体中的主应力;

　　　　φ_b——岩石的内摩擦角;

　　　　c_b——岩石的黏聚力。

锚杆、锚索的约束阻为:

$$\begin{cases} P_s = \dfrac{Q_s}{D_a D_1} \\[2mm] P_c = \dfrac{Q_c}{D_a' D_1'} \end{cases} \tag{6-3}$$

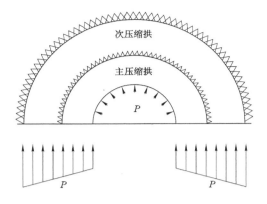

图 6-5　叠加压缩拱力学计算模型

式中　　P_s,P_c——锚杆、锚索的约束阻力；

　　　　Q_s,Q_c——锚杆、锚索的拉拔力；

　　　　D_a,D_1——锚杆的间距；

　　　　$D_a{}'$ 和 $D_1{}'$——锚索的排距。

　　最终可得到叠加压缩共的极限承载强度计算式：

$$q' = \frac{2Q_s(1-\sin \varphi_b)(L_s\tan \alpha - D_a)}{D_a D_1 \tan \alpha(1-\sin \varphi_b)(2R_0 + L_s - D_a)} +$$
$$\frac{2Q_c(1-\sin \varphi_b)(L_c\tan \alpha' - D_a')}{D_a'D_1{}'/\tan \alpha'(1-\sin \varphi_b)(2R_0 + L_s - D_a')} \tag{6-4}$$

式中　　L_s,L_c——锚杆、锚索的有效长度；

　　　　α,α'——锚杆、锚索在破碎岩体中的控制角，一般取 45°；

　　　　R_0——巷道半径；

　　　　其余符号意义同前。

　　将第五章方案中各参数代入，取锚杆间排距 800 mm×800 mm，长度 2 200 mm，极限拉拔力 10 MPa；锚索间排距 1 600 mm×1 600 mm，长度 6 300 mm，极限拉拔力 20 MPa；巷道半径 4 000 mm。代入式(6-3)中，则叠加压缩拱承载强度为 33.73 MPa，远高于普通支护提供的 0.1～0.5 MPa 的支护强度，因此可大大提高支护结构的整体承载能力，维持高支承压力下底板巷道的稳定。

6.3　底板锚索补强的必要性

　　巷道变形的过程中，其顶板、两帮与底板的变形并非孤立，而是存在相互联系、相互制约的关系。同时，巷道的变形与破坏是一个渐进的过程，变形与破坏往往是从一个或几个关键部位开始,并随时间不断累计才导致整个巷道的失稳。但是,巷道底板常因工作量大及锚固施工困难等原因,往往存在底板无支护的现象,导致底板成为巷道支护的薄弱环节,以至于影响巷道整体的稳定性。由第四章数值模拟方案二的变形可知,当巷道两帮与顶板进行"锚(杆)、网、喷+全断面注浆"支护时,其顶板与两帮的变形得到一定的控制,如图6-6所示。但是,由于底板无支护,此时巷道的变形特征开始表现为以底板强烈底鼓,底板变形量开始占据整个巷道变形的主要部分,巷道围岩依然无法维持稳定。

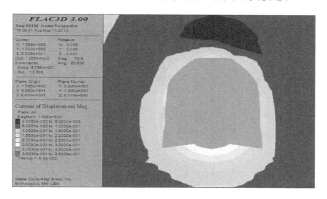

图6-6　位移云图(方案二)

底板深部存在零位移线,零位移线之上岩层承受拉应变作用,之下岩层则承受压应变作用。因此,当在底板施加预应力锚索并锚固在零位移线以下稳定岩层时,可以有效地限制底板岩层的向上鼓起,并且预应力锚索在初期即给予底板围岩以较高压应力,使底板的应力状态由二向应力状态向三向应力状态转变,从而大大提高围岩的强度。然而,巷道底板作为巷道支护结构整体中的一部分,其稳定性的提高对于顶板与两帮的稳定性也具有积极作用,达到巷道整体稳定的目的。综上所述,在高支承压力影响且围岩破碎的情况下,为维持底板巷道围岩整体的稳定性,采用预应力锚索加固底板是十分必要的。

6.4　锚索可压缩性垫板装置应用

通常情况下,围岩的抗压强度较大,而抗拉强度与抗剪切强度相对较小,并且这三者还会因为围岩中存在的层理、节理、裂隙而减小,当围岩破碎严重、围压较低时,这种现象将更为明显。预应力锚杆(索)支护技术的应用不仅可以消除锚杆(索)支护系统的初始滑移量,而且在围岩变形初期即提供较高的支护阻力,能够有效地改善围岩的应力环境,抵消拉截面部分拉应力,提高围岩压应力,增大摩擦阻力,进而提高围岩抗剪能力。因此,高预应力锚杆(索)的使用可以大大减缓围岩弱化过程,改变围岩整体承载结构,提高围岩自身承载能力。

但是,单纯的提高预应力依然无法满足控制高支承压力下底板巷道围岩变形要求,必须让围岩释放一定的变形能才能达到维持围岩稳定的效果。然而,锚索作为一种纯刚性支护,其延伸率远小于锚杆,让压过程中围岩的变形量大于锚索的允许变形量,锚索将被拉断,导致支护失效。因此,在底板巷道支护方案的设计过程中,将锚索垫板进行改良,提出有限变形高阻让压的可压缩性垫板装置,如图 6-7 所示。使用这种装置既可以在初期便可对锚索施加较高的预应力,还可以在大变形的情况下通过 U 型钢支架的变形达到让压的目的,弥补了锚索刚性支护的缺点。

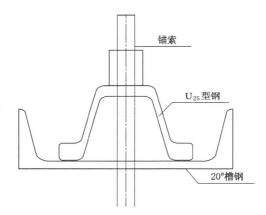

图 6-7　可压缩性垫板装置

6.5　本章小结

（1）网喷支护与注浆在本质上对于围岩都起到隔绝空气和水，协同围岩变形、限制破坏发展，封闭裂隙、改善应力状态、消除裂隙应力集中等作用，且二者协同支护从空间上做到互补，从而大大改善巷道的维护状况。

（2）锚杆、锚索在一定条件下能够形成叠加压缩拱承载结构。经计算可知，叠加压缩拱的极限承载强度远高于普通支护提供的支护强度，能够有效地提高支护结构的整体承载能力。

（3）底板锚索能够有效地限制表层岩石向上鼓起，并给予底板岩层以较高的支护阻力，使底板的应力状态由二向应力状态向三向应力状态转变，从而提高围岩的强度；同时，底板作为整体支护结构的一部分，对于顶板与两帮的稳定也有积极的作用。因此，为维持巷道围岩整体的稳定，采用底板预应力锚索是十分必要的。

（4）预应力对于破碎岩体的支护效果具有重要意义；同时，为满足高支承压力下底板巷道"高阻让压"的要求，锚索垫板应改良为可压缩性垫板装置。

7　工　程　实　践

7.1　工程概况

　　平煤六矿在河南平顶山市西郊 10 km 处,焦柳铁路在六矿西南方向 8 km 处,矿区离 G311 国道也较近,交通十分便利,如图 7-1 所示。该矿于 1958 年建井,20 世纪 70 年代初建成投产,主采丁$_{5-6}$、戊$_9$、戊$_8$、戊$_{10}$煤层,目前该矿生产能力达到 320 万 t/a。为了使该矿的年生产能力提升至 500 万 t/a,平煤六矿计划新掘一条主斜井,用于整个矿井的行人和运输。其新掘斜井效果示意如图 7-2 所示。

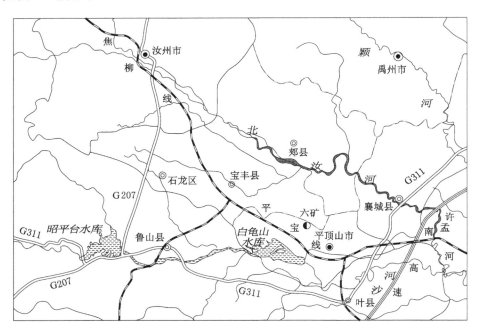

图 7-1　平煤六矿交通位置图

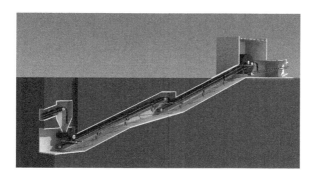

图 7-2　新建斜井效果示意图

平煤六矿新掘胶带斜井斜长 1 575 m,净断面面积为 23.1 m^2,斜井落底的标高为−450 m 水平;巷道断面特征如图 7-3 所示。平煤六矿计划安装 2 部猴车和 2 部胶带。根据该矿的地质勘探资料情况,斜井大约在斜长为 1 100 m 的位置穿越老采空区。已开采煤层平均煤厚为 1.9 m,煤层直接顶为泥岩,底板是细砂岩和砂质泥岩,该煤层开采完成后,采空区内岩层较为松散、破碎,而且该段受煤层戊$_8$、戊$_{9-10}$煤层开采影响,斜井穿越段围岩破碎严重。根据现场勘探资料可知,新建斜井进入采空区区段围岩水平应力低,采空区岩层已被压实。

课题组利用 YTJ20 岩层探测记录仪进行了围岩裂隙探测,探测到斜井围岩为破碎型岩石(图 7-4)。通过射线 X 衍射试验对斜井岩样进行矿物成分分析(图 7-5 和表 7-1),围岩高岭石、蒙脱石等黏土矿物较多,表明该围岩为典型的地质软岩。在破碎软岩巷道中,如果采用不合理的支护技术,斜井极有可能发生顶板事故。

表 7-1　新建斜井岩石矿物成分

矿物成分	蒙脱石	石英	高岭石	珍珠石	利蛇纹石
化学式	$Na_{0.3}Al_4Si_6O_{15}(OH)_6 4H_2O$	SiO_2	$Al_2Si_2O_5(OH)_4$	$Mg_3Si_2O_5(OH)_4$	$Al_2Si_2O_5(OH)_4$
平煤六矿新建斜井	4.5%	7.5%	79.4%	5.2%	3.7%

由于斜井围岩内含有遇水膨胀的蒙脱石和高岭石,项目组采用物探方式对斜井进行探水。

图 7-6 为在新建斜井 1 022 m 处所做的物探图。在物探探测 60 m 范围内,顶板 45°方向、底板 45°方向、顺巷方向都没有出现明显的低阻异常区,表明巷道涌水量可以忽略不计。

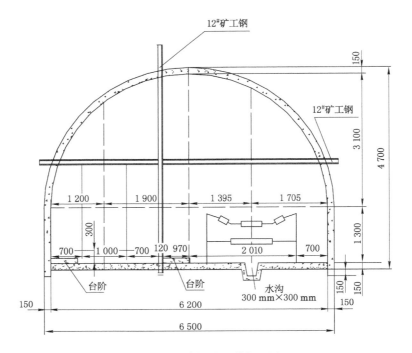

图 7-3　新建斜井巷道断面图

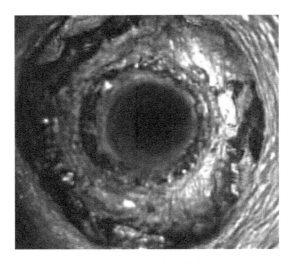

图 7-4　采空区破碎围岩窥视图

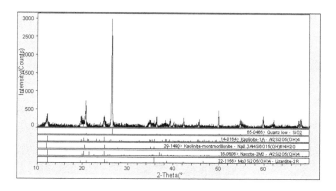

图 7-5　矿物成分 X 衍射分析截图

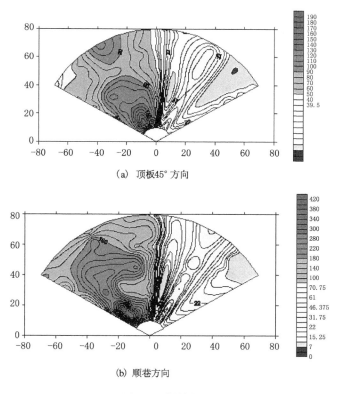

（a）顶板45°方向

（b）顺巷方向

图 7-6　斜井物探图

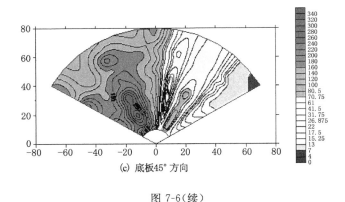

(c) 底板45°方向

图 7-6(续)

7.2　原支护方案

1) 表土段

井口设计标高为＋179.3 m 水平,表土段支护段长约 150 m,采用带底拱的 U_{36} 金属支架混凝土支护,如图 7-7(a)所示。

2) 基岩段

从绝对标高＋134.194～－296.518 m 水平为基岩段,施工段长约 1 426.334 m。采用"锚网喷＋锚索"支护形式。其锚杆采用 $\phi22×2 800$ mm 高强树脂锚杆,锚杆间排距 700 mm×700 mm,药卷用 Z2840 树脂药,每孔 3 卷药。$\phi6$ mm 钢筋焊接网,网孔边长 80 mm×80 mm,网搭接 100 mm;锚索采用规格为 $\phi22×8 000$ mm 钢绞线,间排距 1 400 mm×1 400 mm,药卷用 Z2840 树脂药,每孔 6 卷药;喷浆厚度为 $T=150$ mm。混凝土强度 C20,如图 7-7(b)所示。

3) 原基岩段支护方案的数值分析

根据收集资料和岩石力学试验数据,建立相应的数值分析模型。本次主要采用 FLAC[2D] 程序来分析斜井围岩的平面应变与变形过程。明斜井过采空区标高在－127～－172 m 水平,取平均值为－149 m,加上表地标高为＋179 m,可知计算时考虑埋深在 328 m 左右,考虑硐室净断面都在 6.1 m 左右,开挖影响范围在 4～6 倍,选择以井筒为中心 100 m×100 m 的计算范围。为建模及计算的目的,模型网格划为 150×150,如图 7-8 所示。

计算模型的边界条件为:固定左右和底部位移。垂直应力为上覆岩层的自重应力:

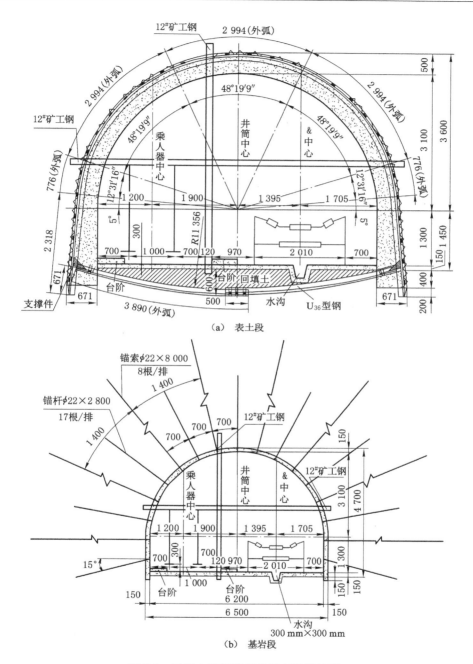

（a）表土段

（b）基岩段

图 7-7 平煤六矿新建斜井原支护设计图

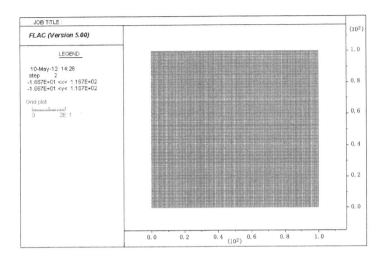

图 7-8 明斜井的数值分析模型

$$\sigma_y = \gamma h \qquad\qquad (7\text{-}1)$$

式中 γ——上覆岩层平均容重，$\gamma = 2\,500$ kN/m³；

  h——巷道埋深，m，$h = 278$ m。

应赋初始垂直应力为 6.95 MPa，侧压系数 $\lambda = 1.0$。

其岩层力学参数的选取主要是第三章室内岩石力学实验所获得的参数，并根据其经验参数可初步确定模型的主要计算参数，见表 7-2。首先进行初始应力计算模拟，平衡状态如图 7-9 所示。

表 7-2 各岩层力学参数

岩(煤)层名称	单轴抗压强度/MPa	容重/(N·cm⁻³)	内摩擦角/(°)	泊松比	单轴抗拉强度/MPa	黏聚力/MPa	弹性模量/GPa
砂质泥岩	14	2.32	30	0.32	1.12	0.52	4.38
粉砂岩	53.18	2.64	37	0.28	4.67	4.25	11.65
泥质粉砂岩	22	2.50	31	0.28	1.80	4.25	11.65
丁₅₋₆煤层	12	1.6	18	0.42	1.43	1.50	0.45
泥质粉砂岩	22	2.50	31	0.21	1.80	4.25	11.65
中粒石英砂岩	40	2.64	37	0.21	1.80	4.25	11.65
粉砂岩	53.18	2.64	37	0.21	4.67	4.25	11.65
泥质粉砂岩	22	2.50	31	0.21	1.80	4.25	11.65

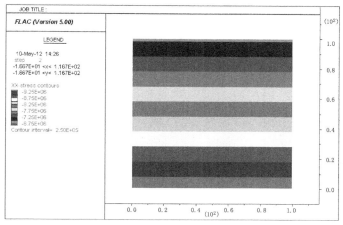

（a）水平应力

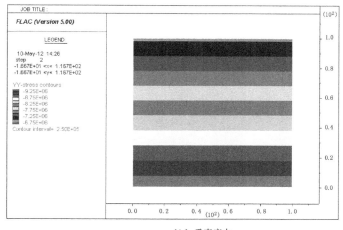

（b）垂直应力

图 7-9　初始应力平衡状态

　　原支护方案的巷道计算模型如图 7-10 所示。经过一定步数的迭代计算，明斜井井筒围岩经原方案支护后，所得到的围岩变形曲线、应力分布和塑性区域如图 7-11 至图 7-14 所示。

　　由图 7-11 可知，该支护方案不仅是顶、底板变形大，两帮的变形也较大，其中拱顶位移为 982.5 mm，底板鼓出为 457.3 mm，而且在计算步数之内，都还没有完全趋于稳定。从图 7-13 可以看出，巷道周边的垂直应力和水平应力都比较大，应力集中系数偏高。从图 7-14 可以看出，巷道周边塑性区影响范围较大，达到巷道宽度的 3 倍还多。所以，该支护方案支护下的明斜井井筒较大范围地处

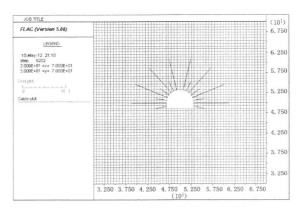

图 7-10　斜井基岩段（过采空区）原支护方案的计算模型

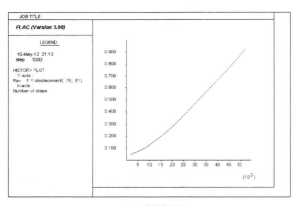

（a）拱顶下沉

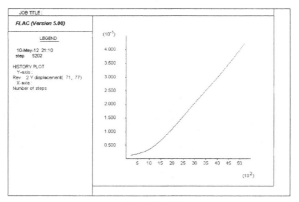

（b）底板变形

图 7-11　原方案的位移监测曲线

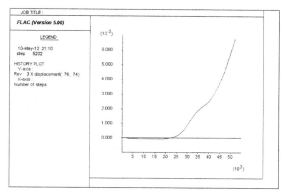

（c）帮部变形

图 7-11（续）

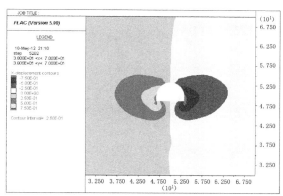

（a）水平位移

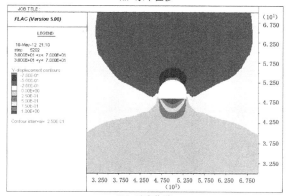

（b）垂直位移

图 7-12　原方案的围岩移动规律

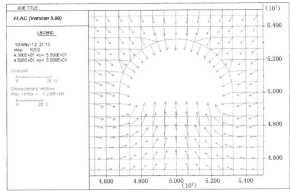

（c）位移矢量

图 7-12（续）

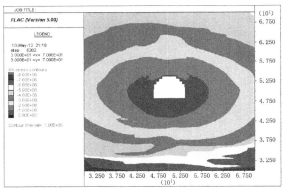

（a）水平应力

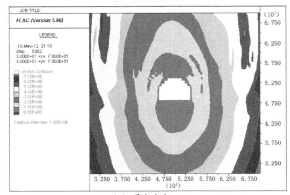

（b）垂直应力

图 7-13　原方案的围岩应力分布规律

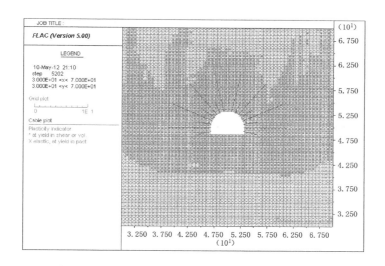

图 7-14　原方案的围岩塑性区域分布

于松散区之内,支护结构及围岩承载体的整体强度较低,对于巷道的长期稳定性不利,容易发生塌陷等大变形现象。

7.3　破碎围岩斜井巷道支护

7.3.1　支护方案确定

对于破碎围岩巷道的支护,国内外学者已研究较多,且取得了一些成果。本书通过上述几章的力学分析、室内实验、U 型钢支架稳定性分析,本次工业试验特采用"全断面 U 型钢＋壁后注浆＋反底拱＋底拱联锁梁＋底板锚杆补偿"支护位于采空区斜井段,并且采用 U_{36} 型钢。

1）临时支护

巷道成巷后,采用直径为 43 mm、长度为 2 000 mm 的管缝式锚杆超前支护,其锚杆间距为 200 mm。管缝式锚杆的数量由巷道现场情况决定。锚杆架设完之后,再进行喷浆临时加固。

2）永久支护

临时支护后,开始斜井巷道的永久性支护,其工序如下:

第一步:铺设金属网,金属网格尺寸为 40 mm×40 mm,直径为 4 mm,施工要求金属网格必须紧贴岩面。

第二步:架设木背板,其尺寸为 850 mm×100 mm×30 mm,间距 500 mm。

第三步:架设有反底拱的刚性 U$_{36}$ 型钢支架,每架 U 型钢棚设置 8 道拉杆,钢棚间距设定为 500 mm。两个相邻反底拱之间设置 3 道 1 m 长的底拱联锁梁,选用 U$_{36}$ 型钢作为底拱联锁梁材料,选用 3 根锚杆紧固在底板,能使反底拱与底板的接触面积有效增加,增加了 U 型钢支架的整体稳定性,见图 5-37。

第四步:浇筑厚度为 500 mm 混凝土,混凝土强度为 C30。

第五步:壁后注浆。注浆压力为 1 MPa,注浆孔长度为 4 m,间排距为 2 000 mm×1 400 mm。支护参数如图 7-15 所示。

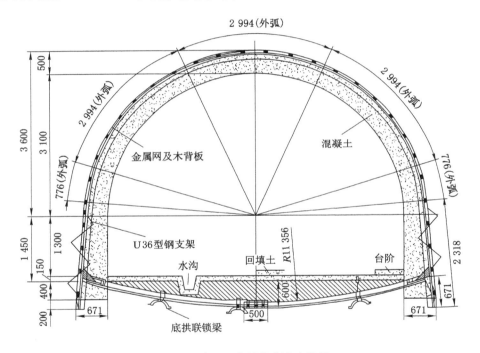

图 7-15　采空区内斜井巷道支护图

从第二章理论分析可知,如果能够将破碎围岩维护好,不至于发生二次扰动,则破碎带的存在反而可以起到一定的衬砌作用。为了及时阻止破碎带岩体的进一步破坏,设计一种高刚性 U 型钢支架。两节点采用刚性连接,其目的就是使支架在支护初期就能提供较大的支护阻力,有效地阻止破碎围岩的二次扰动,使破碎围岩和支架共同起承载作用,如图 7-16 所示。

7.3.2　壁后注浆工艺

注浆加固机理是将松散破碎围岩通过浆液重新胶结在一起,提高破碎岩体

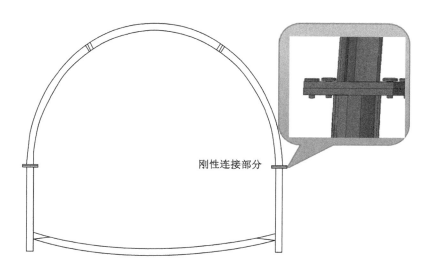

图 7-16 刚性 U 型钢支架

的残余粘聚力和内摩擦角,从而使其围岩的自承能力、整体性得到大幅度提高,最终使其围岩整体稳定。

根据斜井断面特征及围岩情况,特确定以下注浆参数。

1)注浆孔长度确定

一般情况下,注浆孔长度应该大于围岩破碎区范围,根据本书第四章的相似材料模拟试验及现场探测,平煤六矿新建斜井巷道的破碎围岩范围为 3.61 m,因此确定此次注浆孔深度为 4.0 m。

2)注浆压力的确定

注浆压力的确定主要取决于围岩状况及浆液性质等。高注浆压力有利于浆液渗透,但注浆压力偏高时,有可能导致深部岩体破碎或者产生裂隙。因此,注浆压力的选取必须经过科学计算才可以确定。根据其国内注浆经验,对于浆液为高水材料,其注浆压力一般在 2 MPa 左右。当围岩完全破碎时,选用注浆压力≤0.5 MPa,围岩严重破碎则选择注浆压力≤1 MPa,围岩裂隙较小选用注浆压力为 1~2 MPa。

根据经验公式可计算其注浆压力,即:

$$P_0 = KR \tag{7-2}$$

式中　P_0——注浆压力;

　　　K——注浆压力系数;

　　R——注浆孔有效长度。

　　当巷道埋深小于 200 m 时,$K=0.23\sim0.21$;当巷道埋深为 $200\sim300$ m 时,$K=0.21\sim0.20$;当巷道埋深为 $300\sim400$ m 时,$K=0.21\sim0.18$。

　　由于位于采空区的斜井段埋深大约 300 m 处,故在取 $K=0.21$,故注浆压力 $P_0=KR=0.84$ MPa。结合上述分析可知,斜井注浆压力取 1 MPa。

　　3）注浆孔布置

　　渗透半径影响着注浆孔的间距的确定。而充填浆液的渗透半径与岩石的破坏状态、浆液性质、注浆压力等因素有关,因此其取值范围较大,一般根据钻孔眼浅、压力低等情况,孔距设置在 2 m 以内。

　　设计间排距为为 2 000 mm×1 400 mm,每个断面布置 7 个钻孔。其具体布置如图 7-17 所示。

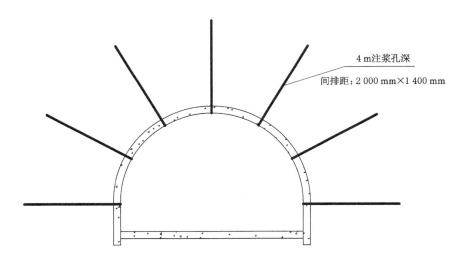

图 7-17　注浆孔布置图

　　4）注浆材料的选择

　　浆液类别:以单液水泥浆为主,配合用"水泥＋水玻璃双液水泥浆"。

　　水泥:采用 42.5 普通硅酸盐水泥。

　　水玻璃:浓度 $35\sim40$ °Be′(波美度),模数为 $2.8\sim3.1$。

　　水：水泥＝1：0.7。

　　采用双液浆时,水泥浆：水玻璃(体积比)＝1：0.8。

　　注浆工艺流程如图 7-18 所示。

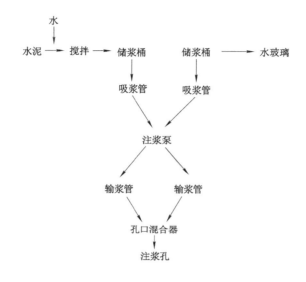

图 7-18　注浆工艺流程图

7.4　位于破碎带外的斜井巷道支护

7.4.1　支护参数确定

对于位于破碎带外的斜井巷道支护,尽管斜井巷道围岩也受到了多次采动影响,但整体岩层没有呈破碎结构,较为完整。因此,可用主动支护方案,即"锚杆+锚索+金属网+喷浆"的支护方案。具体参数如下:

1) 锚杆支护参数

两帮和拱顶均采用 $\phi22$ mm、$L=2\,800$ mm 的左旋无纵筋螺纹钢锚杆,其材质为 BHRB500 螺纹钢。锚固剂型号为 K2840 树脂锚固剂,断面每根锚杆配用 3 卷锚固剂,锚杆预紧力不小于 50 kN,锚杆间排距为 700 mm×700 mm,如图 7-19 所示。

2) 锚索支护参数

锚索直径为 17.8 mm,长度为 8\,000 mm,间、排距设计为 1\,400 mm× 1\,400 mm。

锚索端部为树脂锚固,长度设计为 1\,600 mm。断面每根锚索配套 5 卷型号为 Z2840 型树脂药,其预紧力不小于 100 kN。锚索垫板施工模式为两块垫板叠

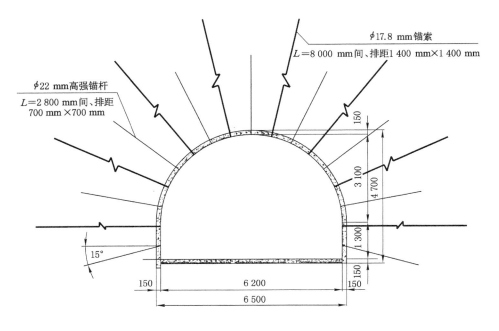

图 7-19　破碎带外的巷道支护图

加,大垫板在内,小垫板在外,大垫板规格为 350 mm×350 mm×10 mm,小垫板为 150 mm×150 mm×10 mm,支护参数具体如图 7-20 所示。

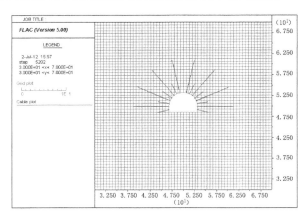

图 7-20　计算模型

3）喷射混凝土

喷射厚度为 150 mm 混凝土,混凝土强度 C20。巷道全断面挂钢筋梯子梁和钢丝网,金属网选直径为 6 mm 钢筋,网格尺寸为 100 mm×100 mm;将直径大小为12 mm 圆钢焊制成钢筋梯子梁。

7.4.2 支护方案数值模拟分析

巷道计算模型如图 7-20 所示。经过一定步数的迭代计算,所得到的围岩变形曲线、应力分布如图 7-21 至图 7-23 所示。从位移变化曲线来看,拱顶下沉位移为 75.42 mm;底板变形为 23.83 mm;帮部变形更小,这说明该支护方案能较好地控制巷道围岩变形。

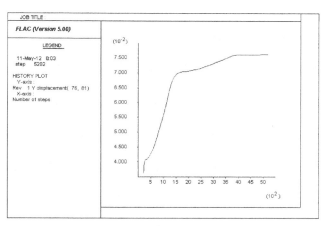

（a）拱顶下沉

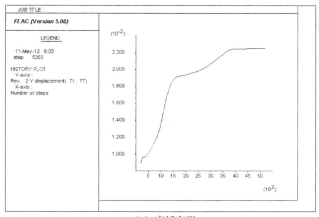

（b）底板变形

图 7-21　位移监测曲线

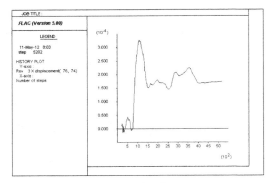

（c）帮部变形

图 7-21（续）

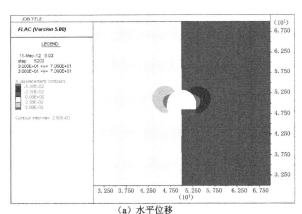

（a）水平位移

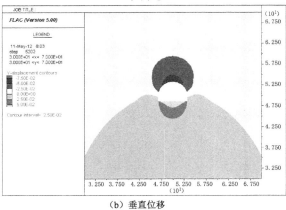

（b）垂直位移

图 7-22　围岩移动规律

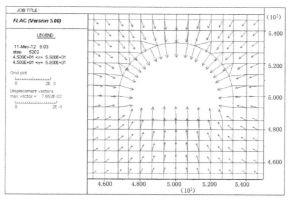

（c）位移矢量

图 7-22（续）

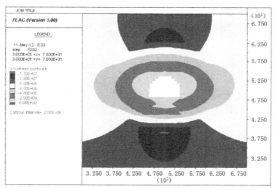

（a）水平应力

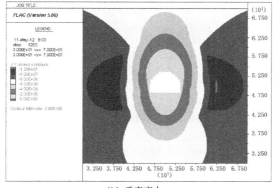

（b）垂直应力

图 7-23　围岩应力分布规律

7.5 新建斜井巷道围岩稳定性监测

7.5.1 监测方法

对巷道围岩变形监测本次采用十字交叉法,如图 7-24 所示。分别在新建斜井斜长 950 m、980 m、1 070 m 和 1 140 m 处设置了 4 个观测站,在位于破碎带（垮落带）区域的 1 070 m 和 1140 m 两个测点,有 158 d 的围岩变形观测时间。而在位于裂隙带区域的 950 m 和 980 m 两个测点,有 220 d 的围岩变形观测时间。

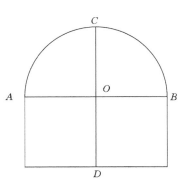

图 7-24 巷道断面观测点布置图

为探测支护后斜井围岩内部裂隙发育情况,选用型号为 CXK6-Z 顶板钻孔窥视仪（图 7-25）进行巷道围岩裂隙发育探测。

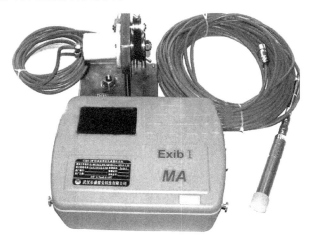

图 7-25 顶板钻孔窥视仪

7.5.2 监测结果及分析

在斜井斜长 950 m 和 980 m 设置观测站,主要是监测斜井过丁$_{5-6}$煤层开采上方裂隙带的支护效果。从图 7-26 和图 7-27 可知,斜井斜长 950 m 观测站巷道顶、底板围岩变形量为 39 mm,两帮位移变形量为 20 mm 左右;斜长 970 m 观测站巷道顶、底板围岩变形量为 47 mm 左右,两帮位移变形量为 26 mm 左右。结果表明,裂隙带内的斜井巷道支护方案能有效控制巷道围岩变形,证明方案可行。

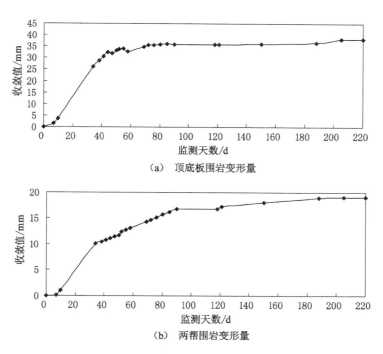

（a）　顶底板围岩变形量

（b）　两帮围岩变形量

图 7-26　斜井巷道围岩变形图(斜长 950 m 测点)

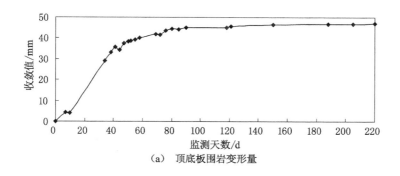

（a）　顶底板围岩变形量

图 7-27　斜井巷道围岩变形图(斜长 980 m 测点)

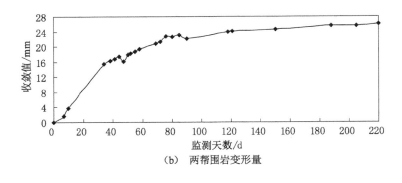

(b) 两帮围岩变形量

图 7-27(续)

丁$_{5-6}$煤层开采完后的垮落带区域内,围岩较为破碎,项目组提出新的支护方案,即"全断面 U 型钢＋壁后注浆＋反底拱＋底板锚杆补偿"支护位于破碎围岩带斜井段。为检验其支护效果,特意在斜井斜长 1 070 m 和 1 140 m 处设置两个测站。图 7-28 和图 7-29 为观测结果。研究结果表明,在斜井斜长 1 070 m 处,两帮位移最大变形量为 45 mm 左右,顶、底板围岩最大变形量为 61 mm 左右;在斜井斜长 1 140 m 处,两帮位移最大变形量为 30 mm 左右,顶、底板围岩最大变形量为 120 mm 左右。其巷道围岩变形速度小于 1 mm/d,巷道围岩变形速率在后期趋于稳定。由此可知,该支护方案能有效提高支架的承载性能,最大限度提高围岩自稳能力,可有效控制巷道围岩变形量,说明该支护方案可行且可靠。

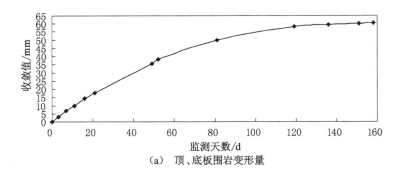

(a) 顶、底板围岩变形量

图 7-28 斜井巷道围岩变形图(斜长 1 070 m 测点)

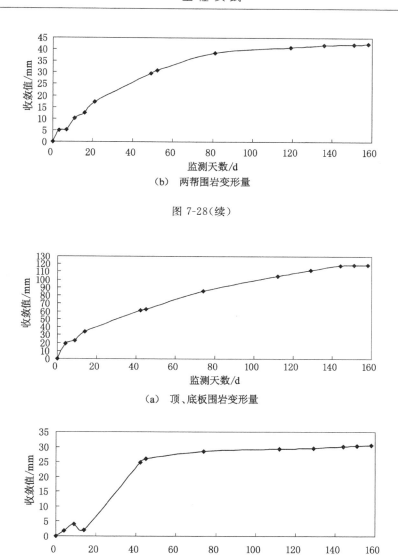

（b） 两帮围岩变形量

图 7-28（续）

（a） 顶、底板围岩变形量

（b） 两帮围岩变形量

图 7-29 斜井巷道围岩变形图（斜长 1 140 m 测点）

为探测支护后斜井围岩内部裂隙发育情况，在新建斜井斜长 970 m 与 1 130 m 处利用顶板窥视仪对巷道顶板进行了探测。如图 7-30 所示，巷道顶板围岩没有发现较大的裂隙和离层，表明支护效果良好。

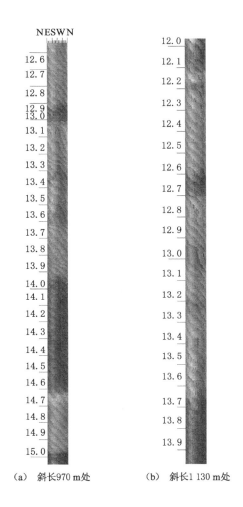

（a）斜长970 m处   （b）斜长1 130 m处

图 7-30　斜井顶板围岩窥视图

　　图 7-31 为斜井表土段现场支护效果图。可以看出,其支护情况良好,巷道没有发生大的位移变形。

　　图 7-32 和图 7-33 分别为裂隙带和垮落带(破碎带)支护现场效果图。目前,新建斜井建成已有两年多,围岩变形已经稳定且支护效果良好。

图 7-31 表土层段巷道支护效果图

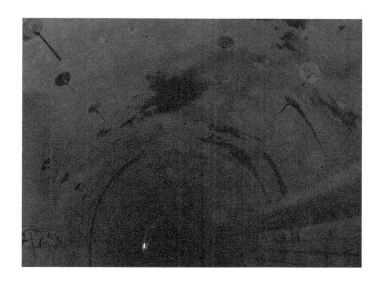

图 7-32 裂隙带巷道支护效果图

(a) 未喷浆时的U型钢支护

(b) 最终成型支护

图 7-33　采空区内巷道支护效果图

7.6　本章小结

采用"全断面 U 型钢＋壁后注浆＋反底拱＋底拱联锁梁＋底板锚杆补偿"支护破碎围岩大断面巷道。工程实践表明,该方案实用可行,为解决破碎围岩大断面巷道支护问题提供了借鉴。

（1）在平煤六矿新建斜井过采空区巷道支护施工过程中，由于采空区围岩破碎松散，因此原方案（锚喷）无法有效控制围岩变形。

（2）新支护方案中通过壁后注浆提高围岩整体性，通过反底拱＋底板锚杆支护补偿提升了U型钢支架的承载能力。

（3）"全断面U型钢＋壁后注浆＋反底拱＋底拱联锁梁＋底板锚杆补偿"联合支护能较好地控制围岩变形，经现场观测，其围岩变形速率＜1 mm/d，取得了良好的支护效果。

参 考 文 献

[1] 柏建彪,黄汉富.综放沿空掘巷围岩控制机理及支护技术研究[J].煤炭学报,2000,25(5):478-481.

[2] 陈红续.青东矿软弱破碎巷道围岩稳定性分析及控制技术研究[D].淮南:安徽理工大学,2012.

[3] 陈炎光,陆士良.中国煤矿巷道围岩控制[M].徐州:中国矿业大学出版社,1994.

[4] 丁秀丽.岩体流变特性的试验研究及模型参数辨识[D].武汉:中国科学院武汉岩土力学研究所,2005.

[5] 董方庭,宋宏伟.巷道围岩松动圈支护理论[J].煤炭学报,1994,19(1):21-32.

[6] 董方庭.巷道围岩松动圈支护理论及应用技术[M].北京:煤炭工业出版社,2001.

[7] 樊克恭,翟德元,刘锋珍.岩性弱结构巷道顶底板弱结构体破坏失稳分析[J].山东科技大学学报(自然科学版),2004,23(2):15-18.

[8] 范文,刘聪,俞茂宏.基于统一强度理论的土压力公式[J].长安大学学报(自然科学版),2004,24(6):43-46.

[9] 方新秋,赵俊杰,洪木银.深井破碎围岩巷道变形机理及控制研究[J].采矿与安全工程学报,2012,29(1):1-7.

[10] 方祖烈.拉压域特征及主次承载区的维护理论[C]//世纪之交软岩工程技术现状与展望.北京:煤炭工业出版社,1999.

[11] 耿立华,程程.基于MATLAB微积分的实验教学内容及方法探讨[J].中国校外教育(理论),2008(增1):13-25.

[12] 韩可琦,王玉浚,中国能源消费的发展趋势与前景展望,中国矿业大学学报,2004,33(1):1-5.

[13] 韩立军,贺永年.破裂岩体注浆加锚特性模拟数值试验研究[J].中国矿业大学学报,2005,34(4):418-422.

[14] 韩立军,李仲辉,王秀玲.U型钢与喷网支护壁后充填注浆加固[J].山东

科技大学学报(自然科学版),2002,21(1):65-68.

[15] 何满潮,景海河.软岩工程地质力学研究进展[J].工程地质学报,2000,8(1):46-62.

[16] 何满潮,袁和升,靖洪文,等.中国煤矿锚杆支护理论与实践[M].北京:科学出版社,2004.

[17] 贺永年,张农.巷道滞后注浆加固与滞后时间分析[J].煤炭学报,1996,21(3):240-244.

[18] 侯朝炯,勾攀峰.巷道锚杆支护围岩强度强化机理研究[J].岩石力学与工程学报,2000,19(3):342-345.

[19] 侯朝炯,郭励生,勾攀峰.煤巷锚杆支护[M].徐州:中国矿业大学出版社,1999.

[20] 黄庆享,冉隆明,李培树.构造破碎带大巷复修的支护理论与实践[J].煤炭科学技术,2008,36(6):15-18.

[21] 黄伟,马芹永,袁文华,等.深部岩巷锚喷支护作用机理及其力学性能分析[J].地下空间与工程学报,2011,7(1):28-32.

[22] 姜耀东.巷道底鼓机理及其控制方法的研究[D].徐州:中国矿业大学,1993.

[23] 蒋斌松,张强,贺永年,等.深部圆形巷道破裂围岩的弹塑性分析[J].岩石力学与工程学报,2007,26(5):122-126.

[24] 蒋金泉,韩继胜,石永奎.巷道围岩结构稳定性与控制设计[M].北京:煤炭工业出版社,1999.

[25] 荆升国.高应力破碎软岩巷道棚-索协同支护围岩控制机理研究[D].徐州:中国矿业大学,2009.

[26] 靖洪文,宋宏伟.软岩巷道围岩松动圈变形机理及控制技术研究[J].中国矿业大学学报,1999,28(6):560-564.

[27] 康红普.煤巷锚杆支护成套技术研究与实践[J].岩石力学与工程学报,2005,24(21):3959-3964.

[28] 康红普,王金华,林健.高预应力强力支护系统及其在深部巷道中的应用[J].煤炭学报,2007,32(12):1233-1238.

[29] 康红普,王金华.煤巷锚杆支护理论与成套技术[M].北京:煤炭工业出版社,2007.

[30] 李大伟.深井与软岩巷道二次支护原理及控制技术[M].北京:煤炭工业出版社,2008.

[31] 李宏业.金川二矿区深部巷道支护机理研究以及围岩稳定性的数值模拟

[D].长沙:中南大学,2003.

[32] 李敬佩.深部破碎软弱巷道围岩破坏机理及强化控制技术研究[D].徐州:中国矿业大学,2008.

[33] 李树清,王卫军,潘长良.深部软岩巷道承载结构的数值分析[J].岩石力学与工程学报,2006,28(3):377-381.

[34] 李学华,杨宏敏,刘汉喜,等.动压软岩巷道锚注加固机理与应用研究[J].采矿与安全工程学报,2006,23(2):159-163.

[35] 李英杰,张顶立,宋义敏,等.软弱破碎深埋隧道围岩渐进性破坏试验研究[J].岩石力学与工程学报,2012,31(6):1138-1147.

[36] 刘长武.软岩巷道锚注加固原理与应用[M].徐州:中国矿业大学出版社,2000.

[37] 刘建庄.U型钢支架屈曲机理及控制[D].徐州:中国矿业大学,2013.

[38] 龙驭球,包世华.结构力学教程[M].北京:高等教育出版社,2000.

[39] 陆家梁.软岩巷道支护原则及支护方法[J].软岩工程,1990(3):1-4.

[40] 陆士良,姜耀东.支护阻力对软岩巷道围岩的控制作用[J].岩土力学,1998,19(1):1-6.

[41] 陆士良,汤雷,杨新安.巷道锚注支护机理的研究[J].中国矿业大学学报,1996,25(2):1-6.

[42] 陆士良,汤雷.巷道锚注支护机理的研究[J].中国矿业大学学报,1996,25(2):1-6.

[43] 陆士良,汤雷,杨新安,等.锚杆锚固力及锚固技术[M].北京:煤炭工业出版社,1998.

[44] 陆士良,王悦汉.软岩巷道支架壁后充填与围岩关系的研究[J].岩石力学与工程学报,1999,18(2):180-183.

[45] 孟键.岩石巷道滞后注浆加固技术的运用[J].宿州学院学报,2008,23(6):124-125.

[46] 钱鸣高,石平五,许家林.矿山压力与岩层控制[M].徐州:中国矿业大学出版社,2010.

[47] K.Г.斯塔格,O.C.晋基维茨.工程实用岩石力学[M].成都地质学院工程地质教研室,译.北京:地质出版社,1978.

[48] 王波,高延法,牛学良.软岩巷道支架结构稳定性分析[J].矿山压力与顶板控制,2005,(3):31-32.

[49] 王彩根.软岩巷道壁后充填支护机理与技术研究[D].徐州:中国矿业大学,1995.

［50］王东洋,王卫军,彭文庆,等.大断面斜井穿越采空区支护技术[J].矿业工程研究.2013,28(4):30-33.

［51］王汉鹏,高延法,李术才.岩石峰后注浆加固前后力学特性单轴试验研究[J].地下空间与工程学报,2007,3(1):27-31.

［52］王宏伟,姜耀东,赵毅鑫,等.软弱破碎围岩高强高预紧力支护技术与应用[J].采矿与安全工程学报,2012,29(4):474-480.

［53］王卫军,侯朝炯,冯涛.动压巷道底鼓[M].北京:煤炭工业出版社,2003.

［54］王卫军,李树清,欧阳广斌.深井煤层巷道围岩控制技术及试验研究[J].岩石力学与工程学报,2006,25(10):2102-2107.

［55］王卫军,杨磊,林大能,等.松散破碎围岩两步耦合注浆技术与浆液扩散规律[J].中国矿业,2006,15(3):70-73.

［56］王新民,张德明,张钦礼,等.基于 FLOW-3D 软件的深井膏体管道自流输送性能[J].中南大学学报,2011,42(7):124-131.

［57］王悦汉,陆士良.壁后充填对提高巷道支护阻力的研究[J].中国矿业大学学报,1997,26(4):1-3.

［58］王悦汉,陆士良.壁后充填对提高巷道支护阻力的研究[J].中国矿业大学学报,1997,26(4):1-3.

［59］奚家米.锚喷支护巷道围岩稳定可靠度分析[D].西安:西安科技学院,2002.

［60］肖锋.软弱围岩巷道 U 型钢可缩性支架联合支护机理研究[D].成都:西南交通大学,2007.

［61］谢文兵,陆士良,殷少举.软岩硐室围岩注浆加固作用与浆液扩散规律[J].中国矿业大学学报,1998,27(4):406-409.

［62］谢文兵.软岩硐室失稳和锚注加固机制的研究[D].徐州:中国矿业大学,1998.

［63］徐恩虎,宋扬,郑雨天.巷道围岩变形规律依赖于锚杆支护参数变化的流变分析[J].应用基础与工程科学学报,1998,6(2):149-155.

［64］徐干成,白洪才,郑颖人,等.地下工程支护结构[M].北京:中国水利水电出版社,2002.

［65］杨新安,陆士良.软岩巷道锚注支护理论与技术的研究[J].煤炭学报,1997,22(1):32-36.

［66］尤春安.U 型钢可缩性支架的缩动分析[J].煤炭学报,1994,19(3):270-277.

［67］于学馥.地下工程围岩稳定分析[M].北京:煤炭工业出版社,1983.

[68] 于学馥,乔瑞. 轴变论和围岩稳定轴比三规律[J]. 有色金属,1981,33(3):9-14.

[69] 张璨,张农,许兴亮,等. 高地应力破碎软岩巷道强化控制技术研究[J]. 采矿与安全工程学报,2010,27(1):17-22.

[70] 张农,高明仕. 煤巷高强预应力锚杆支护技术与应用[J]. 中国矿业大学学报,2004,35(5):524-527.

[71] 张农. 软岩巷道滞后注浆围岩控制研究[D]. 徐州:中国矿业大学,1999.

[72] 张农. 软岩巷道滞后注浆围岩控制研究[D]. 徐州:中国矿业大学,1999.

[73] 张向东,李永靖,张树光,等. 软岩蠕变理论及其工程应用[J]. 岩石力学与工程学报,2004,23(10):1635-1639.

[74] 张益东. 巷道金属支架实际承载能力的计算和断面参数合理性的研究[D]. 徐州:中国矿业大学,1989.

[75] 赵同彬. 深部岩石蠕变特性试验及锚固围岩变形机理研究[D]. 青岛:山东科技大学,2009.

[76] 郑雨天. 关于软岩巷道地压与支护的基本观点[C]//软岩巷道掘进与支护论文集. 北京:煤炭工业出版社,1985.

[77] ARNOLD V. Soil mechanics [M]. Delft University of Technology, Dutch,2001.

[78] GOODMAN R E,SHI G H. Block theory and its application to rock engineering[M]. New Jersey:Prentice-HallInc,1985.

[79] HURT K. New developments in rock bolting [J]. Colliery guardian. 1994(7):133-143.

[80] HYETT A J,BAWDEN W F,REICHERT R D. The effect of rock mass confinement on the bond strength of fully grouted cable bolts[J]. Mining science & geomechanics abstracts ,1992,29(5):503-524.

[81] JAGER J C,COOKN G W. Fundamentals of rock mechanics[C]//Translated by Institute of Engineering Mechanics of Chinese Academy of Sciences. Beijing:Science Press,1983:97-98.

[82] JING H W,XU G A,MA S Z. Numerical analysis on displacement law of discontinus rock mass in broken rock zone for deep roadway[J]. Journal of China university of mining & technology,Dec. 2001,11(2):132-137.

[83] LU S L,WANG Y H. Ming induced influence on the roadways in weak surrounding rock and its controlling measures[J]. Journal of China University of mining and technology,1991(1):11-19.

［84］ PENG S S. 岩层控制失效案例图集［M］. 柏建彪, 译. 徐州：中国矿业大学出版社, 2009.

［85］ PENG W Q, WANG X M, WANG W J. The supporting technology and its application research in large section roadway with fracture surrounding rock ［J］. International journal of earth sciences and engineering, 2014, 7（4）：1993-2001.

［86］ WANG W J, HOU C J. Study of mechanical principle of floor heave of roadway driving along next golf in fully mechanized sub level caving face ［J］. Journal of coal science & engineering, 2001, 7（1）：13-17.

［87］ ZHANG N. Study on strata control by delay grouting in soft rock roadway ［J］. Journal of coal science & engineering, 2003, 19（1）：51-56.